Muhammed Abed Mazeel Al-Aboudi

Untersuchungen zur Trägerschädigung durch Bohrspülungen und Behandlungsflüssigkeiten

disserta
Verlag

Mazeel Al-Aboudi, Muhammed Abed: Untersuchungen zur Trägerschädigung durch
Bohrspülungen und Behandlungsflüssigkeiten, Hamburg, disserta Verlag, 2010

ISBN: 978-3-942109-26-0
Druck: disserta Verlag, ein Imprint der Diplomica® Verlag GmbH, Hamburg, 2010

Bibliografische Information der Deutschen Nationalbibliothek
Die Deutsche Nationalbibliothek verzeichnet diese Publikation in der Deutschen
Nationalbibliografie; detaillierte bibliografische Daten sind im Internet über
http://dnb.d-nb.de abrufbar.

Die digitale Ausgabe (eBook-Ausgabe) dieses Titels trägt die ISBN 978-3-942109-27-7
und kann über den Handel oder den Verlag bezogen werden.

Mitteilungen aus dem Institut für Tiefbohrtechnik, Erdöl- und Erdgasgewinnung der
Technischen Universität Clausthal-Zellerfeld am 12. Januar 1993

Dieses Werk ist urheberrechtlich geschützt. Die dadurch begründeten Rechte,
insbesondere die der Übersetzung, des Nachdrucks, des Vortrags, der Entnahme von
Abbildungen und Tabellen, der Funksendung, der Mikroverfilmung oder der
Vervielfältigung auf anderen Wegen und der Speicherung in Datenverarbeitungsanlagen,
bleiben, auch bei nur auszugsweiser Verwertung, vorbehalten. Eine Vervielfältigung dieses
Werkes oder von Teilen dieses Werkes ist auch im Einzelfall nur in den Grenzen der
gesetzlichen Bestimmungen des Urheberrechtsgesetzes der Bundesrepublik Deutschland
in der jeweils geltenden Fassung zulässig. Sie ist grundsätzlich vergütungspflichtig.
Zuwiderhandlungen unterliegen den Strafbestimmungen des Urheberrechtes.

Die Wiedergabe von Gebrauchsnamen, Handelsnamen, Warenbezeichnungen usw. in
diesem Werk berechtigt auch ohne besondere Kennzeichnung nicht zu der Annahme, dass
solche Namen im Sinne der Warenzeichen- und Markenschutz-Gesetzgebung als frei zu
betrachten wären und daher von jedermann benutzt werden dürften.

Die Informationen in diesem Werk wurden mit Sorgfalt erarbeitet. Dennoch können Fehler
nicht vollständig ausgeschlossen werden und der Verlag, die Autoren oder Übersetzer
übernehmen keine juristische Verantwortung oder irgendeine Haftung für evtl. verbliebene
fehlerhafte Angaben und deren Folgen.

© disserta Verlag, ein Imprint der Diplomica Verlag GmbH
http://www.disserta-verlag.de, Hamburg 2010
Hergestellt in Deutschland

Untersuchungen zur Trägerschädigung durch Bohrspülungen und Behandlungsflüssigkeiten

DISSERTATION

Zur Erlangung des Grades eines
Doktor - Ingenieurs

Vorgelegt von
Dr.-Ing. Muhammed Abed Mazeel
Al–Aboudi
Aus Mischchab – Nedjef / Irak

Genehmigt von der
Fakultät Bergbau, Hüttenwesen und Maschinenwesen
der Technischen Universität Clausthal

Tag der mündlichen Prüfung
12. Januar 1993

Hauptreferent: Prof. Dr. – Ing. Dr. h. c. C. Marx
Korreferent: Prof. Dr. – Ing. E. Schubert

Vorwort

Herrn Prof. Dr. – Ing. H.c. C. Marx möchte ich für die Unterstützung, die er mir bei der Abfassung dieser Arbeit durch wertvolle Ratschläge gewährte, recht herzlich danken.

Herrn Prof. Dr. – Ing. E. Schubert danke ich für die bereitwillige Übernahme des Korreferates.

Meinem verehrten Lehrer, Herrn Prof. Dr. – Ing. R. Ghofrani danke ich für die fachliche Betreung und die vielen Hinweise bei der Abfassung dieser Arbeit.

Mein Danke gilt ferner Herrn H. Miehe, Frau Ch. Heller und Herrn F. Schamberger.

Weiterhin gilt mein Dank allen Mitarbeitern des Institutes, die mich auf jede erdenkliche Weise bei der Fertigstellung dieser Arbeit unterstützt haben.

Die Arbeit wurde finanziell durch:

- Ministerium für Wissenschaft und Kunst in Lande Niedersachsen, Hannover und
- ITE – Engineering GmbH, Clausthal – Zellerfeld unterstützt, wofür an dieser Stelle herzlich gedankt sei.

Abstract

Für die Produktivität von Erdöl– und Erdgaslagerstätten ist die Durchlässigkeit des Trägers von großer Bedeutung. Durch den Bohrprozeß und bei Behandlungen der Trägerformation mit Behandlungsflüssigkeiten kann ihre Permeabilität in Bohrlochnähe reduziert werden; man spricht hierbei von "Trägerschädigung".

Die Trägerschädigung kann physikalisch, chemisch und/oder bakteriell verursacht werden. Im Rahmen der vorgelegten Arbeit wurden experimentelle Untersuchungen an Kernproben aus Bentheimer und Obernkirchner Sandstein unter bohrlochähnlichen Bedingungen durchgeführt, um den Grad der Schädigung dieser Kerne durch Bohrspülungen Frac- bzw. Gravel–Trägerflüssigkeiten festzustellen. Dabei wurden Zirkulationstemperaturen bis 90 °C, Differenzdrücke bis 6 Mpa und Zirkulationsgeschwindigkeiten bis 1,5 m/s realisiert.

Folgende Ergebnisse seien besonders hervorgehoben:

Zur Messung der Durchlässigkeiten der zu untersuchenden Kerne müssen Tränkungs– und Meßflüssigkeiten bestimmter Zusammensetzung eingesetzt werden, um reproduzierbare Werte zu erhalten. Eine 1,5 Gew. -%ige KCL–Lösung hat sich als geeignet erwiese.

Bei Schädigung der untersuchten Kerne mit Bentonit–Spülungen verhindert der Ton durch Überbrückung der Porenöffnungen einen Weitertransport von Feststoffen in das Gestein. Synthetischer Hektorit (Dehydril-HT) kann wegen seiner Verformbarkeit weit in das Gestein hineintransportiert werden.

Die Trägerschädigung durch Polymerlösungen ist ähnlich wie bei Dehydril–HT– Spülungen.

Zugabe von Kreide bedingt eine deutliche Abnahme der Trägerschädigung.

Behandlungsflüssigkeiten verursachen ebenfalls eine Schädigung des Trägers. Die geringste Trägerschädigung wurde bei Verwendung von MY–T–Oil gemessen.

Inhaltsverzeichnis   Seite

1.	Einleitung	1
2.	Stand der Technik	3
2.1.	Trägerschädigung	4
2.1.1.	Ursachen der Trägerschädigung	9
2.1.1.1.	Physikalisch verursachte Trägerschädigung	10
2.1.1.2.	Chemisch verursachte Trägerschädigung	13
2.1.1.3.	Schädigung durch Bakterien	14
2.1.2.	Beurteilung der Höhe und der Eindringtiefe der Schädigung	15
2.1.2.1.	Damage Ratio (DR)	15
2.1.2.2.	Sectional Damage Ratio (SDR)	15
2.2.	Bohrspülungen und Behandlungsflüssigkeiten	15
2.2.1.	Spülungen	16
2.2.2.	Behandlungsflüssigkeiten	18
2.2.2.1.	Frac–Fluide	18
2.2.2.2.	Gravel–Trägerflüssigkeiten	23
2.2.2.3.	Säuren	24
2.2.3.	Bestandteile der Bohrspülungen und Behandlungsflüssigkeiten	26
2.2.3.1.	Tone	26
2.2.3.1.1.	Aufbau	27
2.2.3.1.2.	Hydratation	30
2.2.3.2.	Polymere	33
2.2.3.2.1.	Aufbau	35
2.2.3.2.2.	Hydratation	36
2.2.3.2.3.	Sonstige Zusätze	36
2.2.4.	Stabilität von Bohrspülungen und Behandlungsflüssigkeiten	37
2.2.4.1.	Theorien der Stabilität	37
2.2.4.2.	Stabilität unter schwierigen Bohrbedingungen	42
3.	Ziel der Arbeit	47
4.	Versuchsaufbau und –durchführung	48
4.1.	Versuchsprogramm	48
4.2.	Versuchseinrichtungen	50
4.3.	Untersuchte Bohrspülungen und Behandlungsflüssigkeiten	54
4.4.	Eingesetzte Modellgesteine	56

4.5.	Versuchsdurchführung	57
4.5.1.	Filtrationsuntersuchungen	59
4.5.1.1.	Untersuchung der statischen Filtration	60
4.5.1.2.	Untersuchung der dynamischen Filtration	61
4.5.2.	Untersuchungen am Modellgestein	61
4.5.2.1.	Porosität und Porenradienverteilung	62
4.5.2.2.	Permeabilität	63
4.5.2.3.	REM - Untersuchungen	65
4.5.2.4.	Dünnschliffanalysen	66
4.5.2.5.	Chemische Analyse	67
4.5.3.	Sonstige Untersuchungen	67
5.	Diskussion der Ergebnisse	68
5.1.	Einfluß der Salinität und des pH–Wertes des Flutwassers auf die Durchlässigkeit der Kernproben	68
5.2.	Schädigung untersuchter Kernproben durch Bohrspülungen	72
5.3.	Schädigung der Kernproben durch Frac– und Gravel–Trägerflüssigkeiten	80
5.4.	Änderung der Höhe des Schädigungsgrades der Kernproben bei Rückförderversuchen	81
5.5.	Änderung der Permeabilität untersuchter Kernproben durch Säurebehandlung	83
6.	Zusammenfassung	85
7.	Literaturverzeichnis	88
8.	ANHANG	107

1. Einleitung

Für die Produktivität einer Erdöl- oder Erdgaslagerstätte ist die Permeabilität des Trägergesteines von großer Bedeutung. Während der Bohrarbeiten und der anschließenden Behandlung kann die ursprüngliche Trägerpermeabilität durch die eingesetzten Bohrspülungen und Behandlungsflüssigkeiten (Frac–Fluide, Gravel–Trägerflüssigkeiten usw.) im bohrlochnahen bzw. – ferneren Bereich herabgesetzt werden. Diese Abnahme der Lagerstättenpermeabilität wird als "**Trägerschädigung**" bezeichnet. Um das Bohrloch zu stabilisieren und unkontrollierte Zuflüsse aus der Formation zu verhindern, wird die Dichte der Spülung so eingestellt, daß der hydrostatische Druck der Spülungssäule über der Formation liegt. Durch den sich ergebenden, positiven Differenzdruck können Feststoffe und/oder Filtrat der eingesetzten Bohrspülungen und Behandlungsflüssigkeiten in die Porenräume des Trägergesteins eindringen; dadurch kann es zu physikalischen und/oder chemischen Reaktionen mit den Poreninhaltsstoffen und/oder dem Trägergestein kommen.

Bei einer hydraulischen Frac–Behandlung wird eine Flüssigkeit mit so hohem Druck in das Bohrloch eingepreßt, daß es im Träger zur Bildung von Rissen kommt. Die Durchlässigkeit der Lagerstätte wird durch künstlich erzeugte, hochpermeable Fließkanäle verbessert. Dies gilt solange die Stützmittel durch den Überlagerungsdruck des Gebirges nicht zerstört und vollständig in den Spaltflächen eingebettet sind.

Durch das Mitreißen von Sand bei der Förderung von Erdöl bzw. Erdgas sowie beim Betrieb von Porenspeichern können unter – und/oder übertägige Anlagen beschädigt werden. Das mechanische Zurückhalten des Sandes im Bohrloch erfolgt durch Sandfilter (Gravel-Pack); das Einbringen von Gravel–Material erfolgt mit Hilfe von Gravel–Trägerflüssigkeiten, denen Polymere zugemischt sind. Durch den Sandfilter kann die Formation verfestigt werden, wobei es zu einer Bindung des Sandes aus der Lagerstätte kommt.

Unter Bohrloch–Säuerung versteht man die chemische Beseitigung des Bohrlochwandbelages (Filterkuchen) und die Erweiterung der Fließwege in der Formation. Dabei kann u. a. verdünnte Salzsäure eingesetzt werden, um Kalkablagerungen zu lösen; beim Fracen kann die Säure die Fließwege zusätzlich erweitern.

Der durch Bohrspülungen und Behandlungsflüssigkeiten geschädigte Bereich der Formation kann wenige Zentimeter bis zu mehreren Metern betragen. Somit reicht die Perforationstiefe in der Regal nicht aus, diese Zone zu überwinden. Um kostspielige Bohrlochbehandlungen zur Erhöhung der Durchlässigkeit des Trägers zu vermeiden, müssen bereits in der Bohr – und Behandlungsphase trägerschonende Flüssigkeiten eingesetzt werden. Daher ist eine Anpassung dieser Fluide an die entsprechenden Lagerstättenverhältnisse anzustreben. Da jedoch nach /1/ die API–Filtratwerte der Bohrspülungen und Behandlungsflüssigkeiten nicht auf ihre Filtrationseigenschaften unter Bohrlochbedingungen schließen lassen, werden in dieser Arbeit die Bohrspülungen und Behandlungsflüssigkeiten unter simulierten Bohrlochbedingungen im Hinblick auf ihren Einfluß auf permeable Gesteinsproben untersucht.

2. Stand der Technik

Die Höhe der Trägerschädigung und die Ausdehnung der geschädigten Zone hängen von den Eigenschaften der eingesetzten Flüssigkeiten, den Bohrlochbedingungen und den physikalischen bzw. Chemischen Eigenschaften des Trägergesteins und/oder der Poreninhaltsstoffe ab. Die Einflußgrößen der Flüssigkeiten auf die Schädigung des Trägers sind:

- Anteil der Feststoffe in den Flüssigkeiten,
- Kornform und –größenverteilung der Feststoffe,
- mineralogische Zusammensetzung der Feststoffe,
- Art und Konzentration der Polymere sowie,
- Viskosität und Dichte der Flüssigkeiten.

Bohrlochbedingungen, die die Intensität der Schädigung beeinflussen können, sind:

- Gebirgstemperatur,
- Fluidströmungsgeschwindigkeit,
- Differenzdruck,
- Kontaminationsdauer sowie
- Art und Konzentration der Elektrolytlösungen, die durch Kicks in die Bohrspülungen– bzw. Behandlungsflüssigkeiten gelangen können.

Als im Zusammenhang mit Schädigung interessierende, physikalisch–chemische Eigenschaften des Trägergesteins bzw. der Poreninhaltsstoffe können genannt werden:

- Trägergestein:
    o Permeabilität,
    o Porosität,
    o Kapillarität,
    o Größe und Geometrie der Kapillaren,
    o Mineralogische Zusammensetzung und,
    o Benetzbarkeit.

- Poreninhaltsstoffe:
    o Art,
    o Bestandteile,
    o Viskosität,
    o Fließverhalten sowie
    o Druck und Temperatur des Poreninhalts in situ.

2.1. Trägerschädigung

Unter dem Begriff **Trägerschädigung** versteht man die Permeabilitätsreduktion einer Erdöl– oder Erdgaslagerstätte mit der damit verbundenen Herabsetzung ihrer Produktivität.

Die **Trägerschädigung** faßt alle Spülungstechnischen Maßnahmen zusammen, die die ursprüngliche Permeabilität des Trägerschädigung zu erhalten bzw. Wiederherzustellen helfen.

Beim Durchteufen einer Lagerstätte dringt die Bohrspülung unter dem Differenzdruck ΔP (Differenz zwischen dem Druck der Spülungssäule und dem Poreninhaltsdruck) über einen gewissen Zeitraum in die Formation ein (sog. Mud spurt loss). Dabei verfangen sich die Feststoffe der Bohrspülung an Engstellen der durchfluteten Porenkanäle, und es bildet sich ein "**innerer Filterkuchen**" (Anl. 1A).

Anlage 2A zeigt das Ergebnis einer Reihe von /3/ durchgeführten Untersuchungen hinsichtlich der Mud Spurt–Invasion in einen hochpermeablen Kalkstein. Eine Serie von Aufnahmen, basierend auf der Rückstrahlung von Kernteilchen bei Neutron–Logs, stellt in 2–Sekunden–Abständen die verschiedenen Phasen des Eindringens von Fluiden dar. Unterschiedliche Tonkonzentrationen werden durch verschiedene Farbtöne charakterisiert. Blau stellt die höchste Tonkonzentration dar, während von rotbraun nach weiß eine Abnahme der Tonkonzentration verzeichnen ist.

Die Rasteraufnahmen zeigen, daß die Feststoffe innerhalb von Sekunden in das hochpermeable Gestein eindringen. Nach 8 Sekunden jedoch ist eine weitere Veränderung kaum noch feststellbar.

Mit Anlage 2B wird die Überbrückung der Porenräume durch die Feststoffe nachgewiesen. Wie zu sehen ist, dringen nur wenige dieser Partikel in den Träger ein. Ist der innere Filterkuchen voll ausgebildet, so wird sich sein Aufbau kaum noch ändern, selbest wenn die Feststoffzusammensetzung der Spülung verändert wird.

Im weiteren Verlauf lagern sich die Feststoffpartikel der Bohrspülung auf der Bohrlochwandung ab und bilden den "**äußeren Filterkuchen**" (Anl. 1B).

Während der Roundtrips oder des Gestängenachsetzens wird die Spülungszirkulation unterbrochen (statische Filtration).

Auf Grund des Differenzdruckes ΔP wird die flüssige Phase der Spülung als Filtrat durch den Filterkuchen in das Gestein verpreßt. Außerdem sind die Feststoffe im Kuchenverband der Wirkung dieses Differenzdruckes ausgesetzt.

Mit wachsender Filterkuchendicke nimmt der Strömungswiderstand des Filtrats durch den Kuchen, der dem Differenzdruck entgegen wirkt, zu.

Bei der statischen Filtration kann der Filterkuchen ungehindert weiter gebildet werden. Wird hier der Filterkuchen soweit aufgebaut, daß es zwischen ΔP und dem Strömungswiderstand zum Gleichgewicht kommt, so stellt sich eine konstante Filtratrate ein.

Bei der dynamischen Filtration (zirkulierende Spülung) werden die Kartenhaus–Strukturen der Tonminerale der Spülung teilweise zerstört, so daß eine mehr oder minder orientierte Anlagerung der Feststoffe an die Bohrlochwandung ermöglicht wird. Bedingt durch die von der vorbeiströmenden Spülung ausgeübten Scherkraft wird der Aufbau des äußeren Filterkuchens beendet, sobald die Reibung zwischen seinen äußersten Lagen überwunden werden kann.

Es gilt /1, 2/:

$$R \leq \mu * A \left[\Delta p - \left(W \pm \frac{2\sigma \cos \phi}{r} \right) \right] \qquad (1)$$

$$K_s \geq R \qquad (2)$$

R = Reibungskraft zwischen den Feststoffpartikeln im Kuchenverband
µ = Reibungszahl zwischen den Feststoffteilchen im Kuchenverband
A = Filtrationsfläche
Δp = Differenzdruck
W = Druckverlust in den Porenkanälen des Kuchens und/oder der Infiltrationszone
σ = Grenzflächenspannung zwischen Filtrat und Porenwandung
r = Kapillarradius
ø = Benetzungswinkel
K_s = Die von der zirkulierenden Spülung auf den Filterkuchen ausgeübte Scherkraft

Durch den voranschreitenden Filterkuchenaufbau steigt der Betrag von W, was zu einer abnehmenden Reibungskraft zwischen den äußeren Schichten des Filterkuchens führt (vgl. Gl.1). E stellt sich schließlich ein Gleichgewicht ein (s. Gl.2), so daß der Filterkuchenaufbau unterbrochen wird, danach stellt sich eine konstante Filtratrate ein.
Eine Temperatur– und/oder Elektrolytbelastung der eingesetzten Tonspülung beeinflußt den Hydratationsgrad der Tone und Polymere negativ. Eine Dehydratisierung führt zu einem veränderten Filtrationsverhalten der Bohrspülung durch ein Überangebot an freiem Wasser sowie zu einer Änderung der Reibungszahl und der Anlagerungsarten der Tonpartikel im Kuchenverband. Diese Änderungen haben eine verstärkte Trägerschädigung zur Folge.

Trägerschädigung durc Bohrspülungen

In der Praxis führt der Differenzdruck zur Invasion von Spülung, Spülungsfeststoffen und -filtrat in den Träger, so daß die ursprüngliche Trägerpermeabilität reduziert wird /1-13, 15-28, 31-72/. In der geschädigten Zone erhöht sich dadurch der Fließwiderstand gegen den Öl– bzw. Gasstrom.

Dieser äußert sich im Druckverlauf innerhalb der Lagerstätte als zusätzlicher Druckabfall, welcher als "**Skin - Effekt**" bezeichnet wird /4,9 - 11/.
Nach MUSKAT /12/ ist beim radialen Fluß der Druckabfall direkt proportional ln (r_e/r_w). Für die Produktivität einer Sonde gilt nach der Schädigung.

$$\frac{Qd}{Q} = \frac{\ln(r_e / r_w)}{(k_u / k_r) * \ln(r_d / r_w) + \ln(r_e / r_d)} \quad (3)$$

Q_d = Produktivität nach der Schädigung
Q = Produktivität vor der Schädigung
r_e = Einzugsradius der Sonde
r_w = Radius der geschädigten Zone
r_d = Bohrlochradius
k_u = Trägerpermeabilität vor der Schädigung
k_r = Trägerpermeabilität nach der Schädigung

Aus dieser Gleichung ist ersichtlich, daß die negative Beeinflussung der Produktivität vom Permeabilitätsverhältnis k_r / k_u und dem Radius der geschädigten Zone r_w abhängt. Zur Beurteilung der Schädigung kann das sog. Damage Ratio (DR) herangezogen werden.

$$DR = \left[1 - \left(\frac{k_r}{k_u}\right)\right] * 100 \quad [\%] \quad (4)$$

k_u = Ursprüngliche Permeabilität
k_r = Restpermeabilität

Als Einflußparameter der Trägerschädigung sind die Bohrlochbedingungen, die Zusammensetzung der Spülung sowie die Art und Eigenschaften des Trägerhorizontes anzusehen. Die einzelnen Einflußfaktoren sind bereits unter Punkt 2 aufgelistet worden.

Trägerschädigung durch Behandlungsflüssigkeiten

Anlage 3 zeigt die Bereiche einer möglichen Schädigung bei einer Frac-Behandlung /29, 30/. Innerhalb des Risses kann es zum Brechen bzw. Einbetten des Stützmittels kommen, wenn dieses ohne Rücksicht auf die Einsatzbedingungen gewählt wurde. Weitere Schadensursachen sind die Auflösung der Stützmittel durch heiße Formationswässer bzw. ihr Rücktransport in das Bohrloch während der Freiförderphase. Schließlich kann die Auflösung von Matrixmaterial durch den Weitertransport freigesetzter Feststoffe zur Verstopfung der Fließwege führen. Die Höhe der Schädigung ist bei einer Frac–Behandlung von der Art und der Konzentration des Polymers, vom Wirkmechanismus des Gelbrechers, der Temperatur und dem pH–Wert abhängig.

Die Naturprodukte Gaur-Gum, Hydroxypropylguar HPG und Xanthan enthalten bestimmte unlösliche Anteile, während die Cellulose-Derivate praktisch vollständig dissoziierbar sind /25, 73-85/. Korrosionsrückstände aus Behandlungstanks bzw. Leitungen können ein beträchtliches Volumen ausmachen und zur Trägerschädigung beitragen /76, 86/.

Je nach Qualität kann auch das Stützmittel bis zu 1 Gew. -% Ton oder feinere Gesteinspartikel enthalten.

Bei Frac– bzw. Gravelbehandlungen kommt es zum Eindringen von Fluiden, die tief in der Formation durch das physikalisch-chemische Gleichgewicht zwischen dem Poreninhalt und der Behandlungsflüssigkeit zu Ausfällungen führen können. Dabei handelt es sich in Fall wasserbasischer Flüssigkeiten um präzipitierte Karbonate, Sulfate und Oxide.

Beim Einsatz ölbasischer Fluide können Asphaltene und Paraffine ausfallen, die sich in den Porenräumen ablagern. Deshalb muß das Behandlungsmedium vor der Stimulation auf seine Verträglichkeit mit dem Lagerstätteninhalt untersucht werden /51, 75-78, 81-86/.

Feststellung der Trägerschädigung

In der Praxis wird die Trägerschädigung (**"skin effekt"**) über Injektions- und Fördertests ermittelt.

Auch Pumpversuche mit anschließender Auswertung der entsprechenden Druckverläufe sowie geophysikalische Bohrlochmessungen (s. Anl. 2A) können über das Ausmaß der Beeinflussung Auskunft geben. Eine weitere Möglichkeit besteht im Vergleich benachbarter Förderbohrungen.

2.1.1. Ursachen der Trägerschädigung

Die Trägerschädigung wird durch eine Invasion von lagerstätten-fremden Stoffen (Flüssigkeiten, Feststoffe) und/oder eine weitere Migration des Lagerstätteninhalts innerhalb des Reservoirs selbst verursacht.

Die Infiltration in den Träger, die je nach Eindringtiefe einen entscheidenden Anteil zur Schädigung beitragen kann, erfolgt unter einem Gesamtdruck Pg:

$$P_g = \Delta p + P_o + p_c \qquad (5)$$

$$P_o = c * R * T \qquad (6)$$

$$P_c = \frac{2 * \sigma * \cos\varphi}{r} \qquad (7)$$

Δp = Differenz zwischen dem Druck der Spülungssäule und dem Poreninhaltsdruck
P_o = Osmotischer Druck
c = Ionenkonzentrationsunterschied zwischen der Spülung und dem Poreninhalt
R = Universelle Gaskonstante
T = Temperatur
P_c = Kapillardruck
σ = Grenzflächenspannung
r = Kapillarradius

Gleichung 5 verdeutlicht, daß selbst bei **"Balanced Drilling"** ($\Delta p = 0$) Filtratverluste in den Träger möglich sind.
Im Hinblick auf die Ursachen unterscheidet man zwischen:

- physikalisch,
- chemisch und
- bakteriell

bedingten Trägerschädigungen.

2.1.1.1. Physikalisch verursachte Trägerschädigung

Während der Mud Spurt–Phase dringen Feststoffe ungehindert in die Poren des Trägergesteins ein und verfangen sich an den Porenhälsen. Es kommt zu einer Verringerung der Querschnittsfläche der Kapillaren, woraus eine Permeabilitätsreduktion resultiert.
Nach der Ausbildung eines inneren und/oder äußeren Filterkuchens dringt nur noch das Filtrat in den Träger ein. Die dadurch bedingt Änderung der ursprünglichen Sättigung kann die relative Permeabilität für die zu produzierenden Phasen herabsetzen.
Beide Phänomene werden unter "physikalisch verursachte Trägerschädigung" zusammengefaßt.

Trägerschädigung durch Feststoffe

Das Zusetzen des Trägers durch Feststoffe kann an der Bohrlochwandung, längs der Filtrationsstrecke und in der Formation auftreten. In diesem Zusammenhang kommen als Feststoffe Beschwerungsmaterialien, Tone, Bohrklein, Polymere, brückenbildende Stoffe, Zementpartikel, Paraffine, Asphaltene und unlösliche Salze in Frage.
Größere Partikel können sich auf der Gesteinsoberfläche anlagern und zur Bildung des äußeren Filterkuchens führen. Auch Risse und größere Porenkanäle können durch diese Feststoffe überbrückt werden.

Kleinere Teilchen können relativ tief in die Formation vordringen; es kann daher zum Aufbau von Fließbarrieren innerhalb des Trägers kommen. Bei Aufnahme der Förderung kann es im Porenraum durch erhöhte Fließgeschwindigkeiten zu einem Mitreißen von feinen Partikeln kommen, die dann anderenorts in Engstellen der Kapillaren hängenbleiben (Anl. 4A-D).

Tonteilchen können durch Salzsäurebehandlung des Trägers verkleinert werden, indem die H^+-Ionen der Säure die austauschbaren Kationen des Tons ersetzen; die Hydrathüllen der Tonteilchen werden durch diese Substitution teilweise abgebaut. Die Trägerpermeabilität kann durch diese Behandlung erhöht werden.

Auf Grund ihrer Verformbarkeit können hydratisierte Polymere weit in den Träger hineingeschwemmt werden. Die hydratisierten Polymere und die Porenwandungen des Gesteins weisen in der Regal unterschiedliche elektrische Ladungen auf, die zu Einer Adsorbtion des Polymers führen; eine Verengung der Kapillaren ist die Folge.

Zusammenfassend können folgende Mechanismen für die **Verstopfung der Fließwege durch eine Feststoffinvasion** verantwortlich gemacht werden /8, 93-98, 100-118/:

- o Haftung der Feststoffe an den Porenwänden durch elektrostatische, hydrodynamische oder Gravitationskräfte

- o Festsetzung eingeschwemmter Partikel in engen Kapillaren

- o Brückenbildung durch Partikel, die kleiner sind als die Porenöffnungen des Gesteins

Es kann zur Brückenbildung kommen, wenn die Partikelgröße des brückenbildenden Materials ca. 1/3 der Porenöffnungen des Lagerstättengesteins beträgt /4-6, 8, 13, 15, 16, 18, 22, 55, 62, 64, 71/.

Trägerschädigung durch Fluide

Bei Tiefbohrungen dringen verschiedenartige Fluide unterschiedlicher Ionenkonzentration als Filtrat in die Poren des Gesteins ein; sie können die ursprünglichen Phasen im Porenraum verdrängen (Änderung der Sättigungsverhältnisse) und/oder sich mit dem Poreninhalt vermischen (u.a. Emulsionsbildung). Dabei kann es zur Abnahme der Durchlässigkeiten der Formation für die zu produzierenden Phasen kommen.

Faktoren, die die Produktivität einer Lagerstätte durch Filtratinvasion vermindern, sind /1, 3, 4-6,8, 13, 15, 16, 18-21, 32-35, 43, 45-49, 51, 59, 62, 64, 71, 72, 113, 115 /:

a) Abnahme der relativen Permeabilität die Öl– und/oder Gasphasen, verursacht durch erhöhte Wassersättigung (water block).
b) Abnahme der absoluten Permeabilität des Trägergesteins durch Verengung der Porenkanäle und
c) Erhöhung der Viskosität Ölphase durch Emulsionsbildung

Wird die Gesteinsmatrix in der Infiltrationszone durch grenzflächenaktive Stoffe, Bakterizide, Korrosionsschutzmittel, Gelbrecher oder ölbasische Spülungen ölbenetzt, so kann die produzierte Ölphase die Porenwandungen mit einem Ölfilm überziehen, der zu einer Verengung der Fließkanäle des Trägergesteins führt /8, 76/.

Das Filtrat wasserbasischer Spülungen verdrängt in der Lagerstätte das Öl und verändert die Sättigungsverhältnisse im Porenraum. Zu Beginn der Produktion muß dann der Förderstrom das Filtrat zurückdrängen, wozu ein kritischer Druck, der sog. "**threshold pressure**", überwunden werden muß. Das beschriebene Phänomen wird als "**water block**" bezeichnet /4, 5, 16, 18, 71, 76, 119/.

Eine Vermischung von Öl und Filtrat kann im Porenraum zur Bildung einer stabilen Emulsion führen (Emulsionblock). Im allgemeinen enthält das Rohöl Harze und Asphaltene.

Letztere sind alkalische Salze organischer Säuren. Ihre Moleküle sind von Kohlenwasserstoffmolekülen umhüllt. Die Kohlenwasserstoffhülle wird während des Transports durch die Porenkanäle irreversibel aufgebrochen. Die Harze und Asphaltene reichern sich an den Öl–Filtrat–Grenzflächen an und sorgen somit für die Stabilität der Emulsion /4, 5, 43, 51, 71, 72, 76, 89-91, 120/.

Abhängig von den Emulsionseigenschaften und der Benetzung des Trägers bilden sich an der Grenzschicht Öl/Wasser Membranen aus adsorbierten, diaphragmentären Materialien. Eine Verstärkung dieses Grenzflächenfilms erfolgt durch Feinanteile, Asphaltene und erhöhten Salzgehalt.

Chemische Reaktionen zwischen dem Filtrat und dem Poreninhalt bzw. Der Gesteinsmatrix können zu einer Gasentwicklung führen. Diese zusätzliche Phase verringert die relativen Permeabilitäten für die übrigen Phasen in den Poren ("**gas block**").

2.1.1.2. Chemisch verursachte Trägerschädigung

Die chemisch bedingte Trägerschädigung wird auch das in die Formation eingedrungene Spülungsfiltrat verursacht. Das Filtrat kann durch Quellung bzw. Dispergierung der Lagerstättentone, Lösen von Partikeln aus der Matrix sowie Ausfällung unlöslicher Salze aus der Reaktion mit den Poreninhaltsstoffen zu einer starken Reduktion der Trägerpermeabilität führen.

CIVAN, KNAPP und OHEN /108-110/ wiesen nach, daß die Hauptursache der Trägerschädigung die Volumenzunahme der Lagerstättentone ist.
Die Tonquellung findet je nach seiner Genese im Porenraum bzw. an der Porenwandung statt.

Nach VAIDYA und FOLGER /116/ ist das "In - Situ" – Ablösen von Tonen und anderen Bestandteilen der Matrix vor allem bedingt durch den Ionenaustausch zwischen Filtrat und Gestein.

Sandsteine enthalten in der Regal Tone, die entweder primär während der Sedimentation (**detritische Tone**) ein– oder sekundär durch den Transport in den Porenraum bei der Diagenese (**diagenetischer Ton**) angelagert wurden.

Das in den Porenraum eingedrungene Filtrat kann durch die Erhöhung des Hydratationsgrades dieser Tone zur Trägerschädigung führen; dabei ist die Höhe des Hydratationsgrades abhängig von dem Ionenkonzentrationsunterschied zwischen dem Filtrat und dem Poreninhalt sowie dem Anteil des freien Wasser in der Spülung. Durch die Filtrataufnahme kann der Ton quellen zur Verengung der Kapillaren führen, ebenso ist es möglich, daß die angelagerten Tone vom Filtrat gelöst und weitertransportiert werden, so daß sich diese an Engstellen der Kapillaren verfangen und zur Verstopfung führen.

Um eine Trägerschädigung durch Quellung bzw. Dispergierung dieser Tone auszuschließen, muß für die Erhaltung des elektrochemischen Gleichgewichts im Porenraum gesorgt werden /4, 5, 18, 24, 50, 121-126, 136/. Die Realisierung ist dadurch möglich, daß die flüssige phase der Spülung entsprechend aufgesalzen und das freie Wasser durch Polymere gebunden werden.

Enthält die Gesteinsmatrix lösliche Bestandteile, so kann das Filtrat durch ihre Lösung eine Matrixschwächung herbeiführen. Dabei können Matrixkomponenten freigelegt werden, die beim Weitertransport und Festsetzung in Engstellen der Porenkanäle eine Trägerschädigung verursachen.

2.1.1.3. Schädigung durch Bakterien

In wasserbasischen Spülungen wird häufig eine Vielzahl von Mikroorganismen angetroffen /137-146/. Ihr Wachstum im Porenraum und ihre Rest– und Abfallstoffe können besonders bei niedrigpermeablen Trägern die Durchlässigkeit stark herabsetzen.

Bei Zufuhr von Nährstoffen in die Lagerstätte durch das Filtrat, wachsen diese Bakterien und umgeben sich mit selbstproduzierten Polysacchariden, die die Permeabilität erheblich stärker reduzieren, als dies bei reinem Zellwachstum der Fall wäre.

2.1.2. Beurteilung der Höhe und der Eindringtiefe der Schädigung

Die Erstreckung und die Höhe der durch Feststoffe und/oder Filtrat verursachten Trägerschädigung können durch Permeabilitätsmessungen vor und nach der Schädigung bestimmt werden.

2.1.2.1. Damage Ratio (DR)

Die trägerschädigende Wirkung eingesetzter Flüssigkeiten kann durch das "**Damage Ratio (DR)**" quantifiziert werden.
Zur Berechnung des Damage Ratio (DR) ist es notwendig, die ursprüngliche Permeabilität (k_u) der Probe und ihre Restpermeabilität (k_r) nach der Schädigung experimentell zu bestimmen (s. Gleichung 4).

2.1.2.2. Sectional Damage Ratio (SDR)

Die Eindringtiefe Schädigung kann durch das Sectional Damage Ratio (SDR) beurteilt werden. Hierzu wird die Probe nach der Schädigung segmentiert, und es werden die Restpermeabilitäten k_{ri} einzelner Segmente gemessen. Mit den so erhaltenen Größen kann das Sectional Damage Ratio (SDR) mit Hilfe der Gleichung 8 berechnet werden:

$$SDR = \left(1 - \frac{k_{ri}}{k_u}\right) * 100 \quad [\%] \quad (8)$$

2.2. Bohrspülungen und Behandlungsflüssigkeiten

Neben Bohrspülungen werden in diesem Abschnitt auch die Behandlungsflüssigkeiten Frac–Fluide, Gravel–Trägerflüssigkeiten und Säuren angesprochen.

2.2.1. Spülungen

Als Spülungen bezeichnet man alle während des Bohrvorgangs kontrolliert im Bohrloch zirkulierenden Medien.

Bohrspülungen können nach ihrer Zusammensetzung in verschiedene Gruppen unterteilt werden. Anlage 5 zeigt die Dichteabstufung bei verschiedenen Bohrspülungen. Nach API /4, 5/ werden Bohrspülungen nach ihrer Zusammensetzung (Abbildung 1) klassifiziert.

Folgende Aufgaben müssen von einer Spülung erfüllt werden /2, 4, 5, 7, 147/:

1) Vollständige Bohrlochsohlenreinigung,
2) Transport der Cuttings zu Tage,
3) Inschwebehalten des Bohrkleins bei Unterbrechung der Spülungszirkulation,
4) Ausscheidung des Bohrkleins über Tage,
5) Beherrschung der Formationsdrücke,
6) Bildung eines dünnen und geringpermeablen Filterkuchens,
7) Minimierung der Trägerschädigung,
8) Vermeidung von Nachfall,
9) Kühlung und Schmierung der Bohrwerkzeuge,
10) Vermeidung von Korrosion,
11) Keine Beeinträchtigung der Durchführbarkeit und Auswertung geophysikalischer Bohrlochmessungen und,
12) Übertragung der hydraulischen Leistung auf Bohrmotoren.

Außerdem muß gewährleistet sein, daß die Spülung:
 1. keine aufwendigen Komplettierungsmaßnahmen erfordert,
 2. das Bohrpersonal gesundheitlich nicht gefährdet und
 3. umwelttechnisch kein Gefährdungspotential darstellt.

Nach ihrem Feststoffgehalt werden Bohrspülungen in feststoffarm und feststoffbeladen unterteilt.

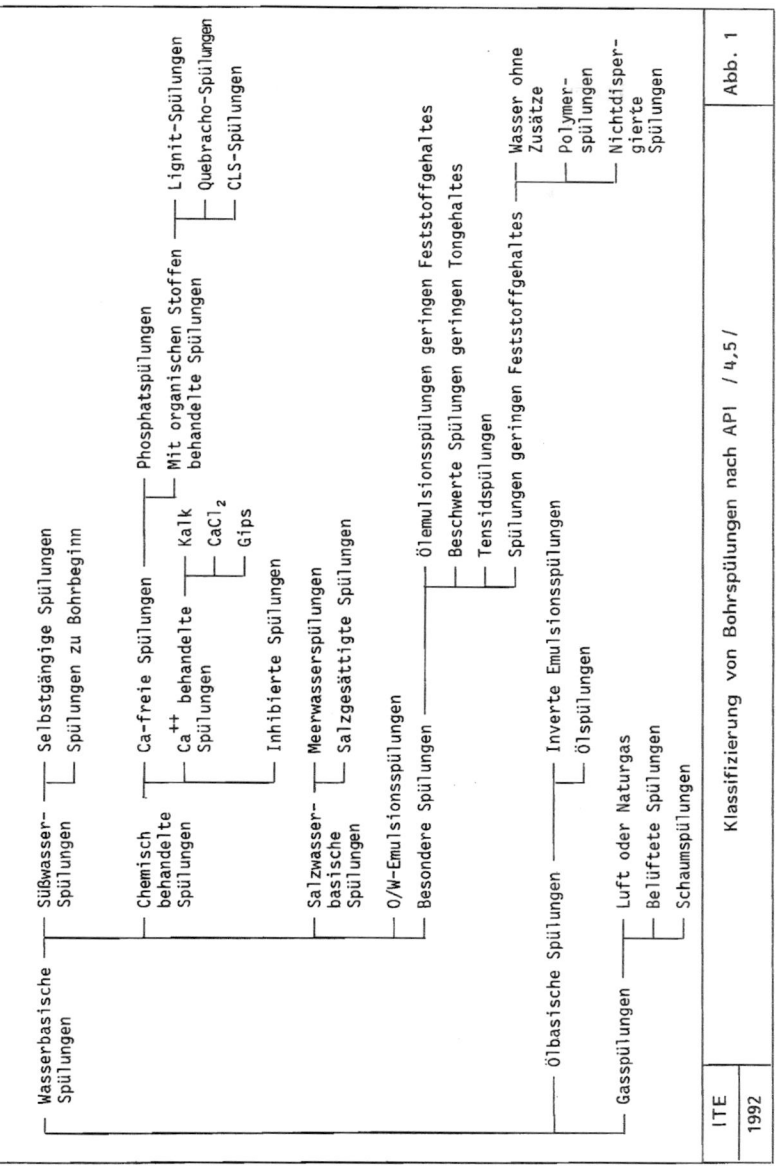

Abb. 1 Klassifizierung von Bohrspülungen nach API /4,5/

Feststoffarme Bohrspülungen, welche hauptsächlich aus einer flüssigen Phase und Polymere bestehen, führen in höherpermeablen Gesteinen zu hohen Flüssigkeitsverlusten.

Feststoffe dienen in **feststoffbeladenen** Spülungen ihrer Beschwerung und der Bildung eines Filterkuchens. Diese Spülungen bestehen in der Regal aus der flüssigen Phase, Beschwerungsmitteln, brückenbildenden Materialien und filtratreduzierenden Zusätzen.

Beschwerungsmaterialien regulieren die Dichte der Bohrspülung und können zur Brückenbildung führen, woraus eine Verringerung der Flüssigkeitsverluste in die Formation resultiert.

Für den Einsatz im Trägerbereich müssen die Feststoffe in Öl, Wasser oder Säure löslich sein. Schwer – bis unlösliche Materialien, wie z.B. Schwerspat und Eisenoxid sind im Trägerbereich ungeeignet /148/.

2.2.2. Behandlungsflüssigkeiten

2.2.2.1. Frac–Fluide

Durch eine Frac–Behandlung soll die Produktivität des Trägers verbessert werden. Diese Aufgabe wird eine hydraulische Rißbildung im Träger, die den Drainageraum vergrößert und Permeabilitätsbarrieren durchbricht, bewältigt.

Die Aufgabe der Frac–Fluide sind die Übertragung des zum Aufbrechen des Gebirges benötigten Druck und der Transport des Stützmittels in die zuvor erzeugten Risse, um diese langfristig offen zu halten /14, 76, 86, 149-156/.

Frac - Flüssigkeiten werden in folgende Gruppen unterteilt:

1. Wasserbasische Flüssigkeiten,
2. Ölbasische Flüssigkeiten,
3. Emulsionen und Schäume sowie,
4. Säurebasische Flüssigkeiten.

Frac–Fluide sollen durch geringen Filtratverlust gewährleisten, daß mit kleinen Volumina die erwünschten Rißlängen erzielt werden. Eine ausreichende Viskosität ist für den Transport und die Verteilung des Stützmittels im Rißsystem sowie zur Erzeugung der erwünschten Rißweite von besonderem Interesse. Eine möglichst hohe Dichte soll bei gleichen Injektionsdrücken am Bohrlochkopf höhere Frac–Drücke in der Formation ermöglichen. Die Frac–Fluide sollen außerdem temperatur– und scherstabil sein und zu keiner Trägerschädigung führen.

Zur Einstellung der gewünschten Eigenschaften der Frac-Flüssigkeiten kommen folgende **Additive** zur Anwendung /25, 76-78, 86, 92, 148-150, 152-155, 157, 158, 161-163/:

- pH – Puffer,
- Filtratreduzierer,
- Stabilisatoren zur Verhinderung von Ausfällungen,
- Gelstabilisatoren,
- Gelbrecher,
- Vernetzer
- Bakterizide,
- Toninhibitoren,
- Grenzflächenaktive Stoffe und
- Reibungsminderer

Filtratsekunde Additive haben die Aufgabe, freies Wasser zu binden, und damit eine Minimierung der durch das Filtrat verursachten Trägerschädigung zu gewährleisten.
Um die Ausfällung von Kalziumkarbonaten und –sulfaten zu verhindern oder zumindest zu verzögern, können Polyphosphate verwendet werden.
Gelstabilisatoren haben die Aufgabe, den thermischen Abbau von Polysacchariden bei Temperaturen oberhalb von 100 ° [C] zu verhindern.
Gelbrecher dienen der Zerstörung der Netzwerke in Behandlungsflüssigkeiten nach einer bestimmten Einwirkdauer, um das Trägerfluid wieder rückfördern zu können.

Vernetzer bedingen eine Überlappung zwischen den Polymerfadenmolekülen, die einer Netzbildung entspricht und zu einer Erhöhung der Viskosität führt.

Da Lösungen nativer Polymere einen guten Nährboden für Bakterien darstellen, werden wasserbasische Frac – Fluide mit **Bakteriziden** versetzt.

Zur Stabilisierung der Tone werden dem Behandlungsfluid 1-3 % Kaliumchlorid oder Amine zugegeben.

Wasserbasische Frac–Fluide

Mehr als 70% aller Frac–Behandlungen werden zurzeit mit wasserbasischen Flüssigkeiten durchgeführt. Naben den vergleichsweise geringen Kosten und der einfachen Handhabung zeichnen sie sich durch eine hohe Ergiebigkeit aus /29, 30, 59, 76, 86, 148, 150, 154, 157, 160/.

Bei wasserbasischen Frac–Fluiden wird als Gelmittel am häufigsten das native Polymer Guar Gum eingesetzt (Anl. 6A).

Nach Auflösung im Wasser behindern sich die Makromoleküle durch Überlappen in ihrer Bewegungsfähigkeit, was zu einem Anstieg der Viskosität führt.

Guar Gum ist ergiebig und besitzt eine hohe Salzstabilität, es ist aber empfindlich gegenüber bakteriellen Angriffen. Guar Guam enthält 6-10 % unlösliche Komponenten, die eine Verstopfung der Fließkanäle des Trägers verursachen können. Durch Anlagerung von Seitenketten an das Polymer werden Derivate, wie z.B. Hydroxypropylguar (HPG) erzeugt, die nur noch 2-4 % Rückstände aufweisen. HPG zeichnet sich durch eine höhere thermische Stabilität aus /59, 83-85, 76, 150/.

Ein weiteres, häufig verwendetes Polymer ist Hydroxyethylcellulose (HEC). Der Vorteil dieses Produkts liegt in der Erzeugung einer sehr reinen, rückstandsfreien Polymerlösung. Anlage 6B zeigt die Strukturformel eines HEC–Monomers /25/.

Den neuesten Stand der Entwicklung repräsentiert das von Mikroorganismen erzeugte, aber teure Biopolymer Xanthan (Anl. 6C).

Um eine hohe Ausgangsviskosität auch mit geringen Polymerkonzentrationen zu erzielen, werden die Frac–Fluide mit Vernetzern (Brückenionen) behandelt. Als "Cross-Linker" werden Borat, Titan-, Aluminium-, Zirkon-, und Antimon-Komplexverbindungen verwendet. Die Zugabe dieser Vernetzer gewährleistet außerdem eine Temperaturstabilität der Frac–Flüssigkeit bis zu 200 ° [C]. Da eine hohe Viskosität der Trägerflüssigkeit erst im Bereich des Bohrlochs und des Risses erwünscht ist, wird Vernetzungsreaktion verzögert. Das System Polymer–Vernetzer–Verzögerer wird entsprechend den Behandlungsbedingungen aufeinander abgestimmt /25, 76, 86, 84, 92, 158, 161-163/.

Ölbasische Frac–Fluide

Ölbasische Frac-Flüssigkeiten werden nur eingesetzt, wenn mit einer sehr starken Trägerschädigung durch wasserbasische Trägerfluide zu rechnen ist. Um die nötige Viskosität und Temperaturbeständigkeit zu erreichen, wird eine Vergelung des Öles mit Aluminiumphosphatester durchgeführt. Je nach Anteil des Aluminiumkomplexes und des Phosphatesters können unterschiedliche Viskositäten eingestellt werden.

Emulsionen und Schäume als Frac–Fluide

Wasserempfindliche Formation können als Frac–Fluide den Einsatz von Mehrphasensystemen erforderlich machen, wofür von Service-Firmen Schäume und Emulsionen angeboten werden /76, 150, 25, 164/.
Schäume sind stabile Dispersionen bei denen die äußere, flüssige Phase aus Öl oder Wasser besteht. Bis zu 95 % des Schaumvolumens wird von der inneren Phase, dem Gas, eingenommen. Am besten hat sich Stickstoff bewährt, der gegenüber Kohlendioxid eine weitaus geringere Korrosionsgefahr mit sich bringt. Um die Stabilität des Zweiphasensystems zu gewährleisten, werden Tenside eingesetzt.

Zu einer weiteren Stabilisierung des Schaumes können Polymere und Vernetzer zur Anwendung kommen. Die Vorteile von Schäumen sind in den guten Transporteigenschaften, den sehr niedrigen Filtratverlusten, der geringen Trägerschädigung und der schnellen Beseitigung des Frac–Mittels nach der Stimulation zu sehen /25, 76, 149, 164/.

Emulsionen haben sich als Frac-Flüssigkeiten wegen der geringeren Trägerschädigung bewährt. Am häufigsten wird die sog. Polyemulsion verwendet, in der das Öl die innere Phase bildet der Ölanteil beträgt 67 %. Die Stabilität der Emulsion wird einerseits durch Emulgatoren, andererseits durch die Vergelung der äußeren, wässrigen Phase mit Polymeren herbeigeführt /25, 72, 76, 120, 137, 149, 153, 157/.

Säurebasische Frac–Fluide

Folgende Säurebasische Frac–Fluide ermöglichen eine erfolgreiche Kontrolle der Filtratverluste:

a) Mischungen aus Säuren, Polymeren und Ölharzen sowie
b) Synthetische Polymere, die in Säure quellen und ihre sonstigen Eigenschaften beibehalten.

Es können auch Säure–Öl–Emulsionen (60-90% Säurephase) eingesetzt werden. Als Emulgator benutzt man eine Mischung aus einer stickstofforganischen Base und nichtionischen Tensiden.

Die Auswahl von **Frac–Fluiden** hängt hauptsächlich vom Lagerstättentyp und –inhalt ab. Insbesondere die Lagerstättenparameter. Temperatur, Druck, Benetzbarkeit und Sättigungverhlältnisse haben Einfluß auf die Wahl der Fluide.

Die **Filtratverluste** sollen minimiert werden, da das in die Formation verpreßte Filtrat nicht mehr für die Erweiterung des Rißsystems zur Verfügung steht; außerdem wird durch das Filtrat eine Trägerschädigung hervorgerufen.

Zur Beurteilung des Filtrationsverhaltens der Frac-Flüssigkeit kann das Verhältnis des erzeugten Rißvolumens zum Gesamtvolumen des Trägerfluides herangezogen werden. Um eine gewünschte Rißlänge zu erzielen, wird bei einem besseren Filtrationsverhalten (niedrigern Filtratverlusten) ein geringeres Volumen Frac-Flüssigkeiten benötigt /59, 92, 149, 152/.

Für den Transport des Stützmittels in den Riß ist die Viskosität des Frac–Fluids entscheidend. Hohe Viskositäten der Frac–Fluide führen zu größeren Rißweiten, während die Rißlängen reduziert werden. Um geringe Druckverluste und gute Verpumpungseigenschaften zu gewährleisten, müssen die Viskositäten im Bereich hoher Scherbeanspruchungen (Pumpen, Mischer und Perforationsöffnungen) niedrig sein /14, 76, 86, 92, 149-151, 153, 155, 156, 157, 160/.

In Newton'schen Flüssigkeiten läßt sich die Sinkgeschwindigkeit der Feststoffpartikel nach dem Stokes'schen Gesetz wie folgt berechnen:

$$V = \frac{d^2 * g}{18\eta}\left(\rho_s - \rho_f\right) \qquad (9)$$

g = Erdbeschleunigung
d = Durchmesser des Feststoffpartikels
η = dynamische Viskosität der Flüssigkeiten
ρ_s = Dichte der Feststoffe
ρ_f = Dichte der Flüssigkeit

2.2.2.2. Gravel–Trägerflüssigkeiten

Als Gravel–Trägerflüssigkeiten kommen zur zwar auch niedrigviskose Flüssigkeiten Wie die Newton'schen Fluide (Wasser Salzlösungen oder Öl) zum Einsatz, es wird jedoch meist auf Grund bestimmter Vorteile den hochviskosen Fluiden wie Polymerlösungen (HEC, HPG, und Xanthan Gum) der Vorzug gegeben /82, 164, 165/.

Hydroxylethylcellulose (HEC) ist das am weitesten verbreitete Polymer, das als Viskositätserhöhender Zusatz für Gravel–Trägerflüssigkeiten eingesetzt wird.

Das Fließverhalten von Gravel–Trägerflüssigkeiten ist im Hinblick auf die Tragfähigkeit insbesondere beim Eintritt (über das Cross-Over-Ventil) in den Ringraum von Bedeutung, wo die Strömungsgeschwindigkeit abnimmt und somit die Tragfähigkeit für das Filtermittel auch vermindert werden könnte. Gerade in diesem Abschnitt wird für den Transport des Gravel sowohl eine hohe Viskosität als auch eine ausreichende Gelstärke der Trägerflüssigkeit benötigt /82, 165, 166, 167/.

Der Hydratationsgrad von XC-, HPG- - und HEC-Lösungen hängt von Salzgehalt, Temperatur, Ausmaß der Scherung beim Mischen und dem pH-Wert der Ausgangslösungen ab.

Die Wahl der erforderlichen Gelbrecher für die Polymere wird sowohl durch die Art der Bestandteile der Trägerflüssigkeit (Polymere, Salze, usw.), als auch durch die Höhe der Temperatur bestimmt.

2.2.2.3. Säuren

Durch Säuren der sollen Permeabilitätsbarrieren, die durch die eingeschwemmten Feststoffe entstanden bzw. durch den Gesteinsaufbau bedingt sind, beseitigt werden. Es gibt prinzipiell drei Möglichkeiten, dieses Ziel zu erreichen /14, 90, 168-178/:

1. den Bohrspülungen säuerbare Feststoffe zuzusetzen,
2. durch Lösungsvorgänge entsprechende Teile der Matrix und diagenetisch in den Porenräumen neu entstandene Mineralien abzubauen bzw.
3. zusätzliche Risse im Gestein zu erzeugen, die für den Poreninhalt als Zuflußbahnen dienen

Die beiden erstgenannten Möglichkeiten können durch Säuerung, die letzte durch Fracoperationen realisiert werden. Wie Anlage 7A zeigt, ist die Wirkung einer Säuerung in der Erzeugung einer Zone höherer Durchlässigkeit um das Bohrloch herum zu sehen. Die hierbei zu erwartende Verbesserung des Zuflusses läßt sich durch folgende Beziehung beschreiben:

$$\frac{Q}{Q_O} = \frac{\frac{K_1}{K_2} \ln \frac{r_e}{r_w}}{\ln \frac{r_o}{r_w} + \frac{K_1}{K_2} \ln \frac{r_e}{r_w}} \qquad (10)$$

Q = Zuflußrate nach der Behandlung
Q_o = Zuflußrate vor der Behandlung
K_1 = Durchlässigkeit des Gesteins in der gesäuerten Zone
K_2 = Durchlässigkeit des Gesteins im unbehandelten Zustand
r_w = Bohrlochradius
r_o = Radius der gesäuerten Zone
r_e = Einzugsradius

Durch eine Säuerung ist eine Zuflußerhöhung nach Gleichung 10 nur bei karbonatischen Verbindungen, jedoch nicht ohne weiteres bei Tonmineralien zu erwarten.
Beim Einsatz von HC1 können vorwiegend alkali-, Erdalkali- und Aluminumionen angegriffen werden, während SiO_2 zurückbleibt bzw. in die amorphe Form umgewandelt wird; dabei kann es zu weiteren Verstopfungen des Gesteins kommen. Um auch SiO_2 zu entfernen, setzt man häufig auch Flußsäure zu, die mit dem SiO_2 wasserlösliche oder gasförmige Kieselfluorwasserstoffsäuren bildet.
Die Anwendung von Flußsäure hat jedoch den Nachteil, daß diese mit Kalziumionen im Poreninhalt Kalziumfluorid bilden kann, da HF nicht sofort mit SiO_2 reagiert. Das Kalziumfluorid ist praktisch unlöslich. Wenn demnach Flußsäure mit Kalziumionen reagiert, treten Ausfällungen auf, die zu Verstopfungen des Gesteins führen können.

In die bei einem Säurefrac entstehenden Risse dringen Stützmittel zusammen mit der Säure ein und verhindern das vollständige Schließen dieser Risse (Anlage 7B).

Unter **Bohrlochreinigung** versteht man die mechanische oder chemische Beseitigung des Bohrlochwandbelages (Filterkuchen). Die Kuchenbeseitigung ist für eine bessere Haftung des Zementes an das Gebirge von Bedeutung. Beim Einsatz einer Kreidespülung kann der Filterkuchen mit Salzsäure entfernt werden /175, 177, 179, 180/.

$$C_aCO_3 + 2HCl <-> C_aCl_2 + H_2O + \uparrow CO_2 \tag{11}$$

2.2.3. Bestandteile der Bohrspülungen und Behandlungsflüssigkeiten

2.2.3.1. Tone

Tonminerale enstammen der Verwitterung magmatischer Gestein. Die Ausgangsmineralien sind Feldspäte [$(CaO)(K_2O)Al_2O_3 \cdot 6SiO_2$], ferromagnetische Minerale sowie Hornblende [$(Ca, Na_2)_2 (Mg, Fe, Al)_5 (Al, Si)_8 O_{22}(OH, F)_{21}$]. Bentonit entsteht durch Verwitterung vulkanischer Aschen. Über 50% der Tonmineralien der Erdkruste sind Illite. Die wichtigsten Tonarten sind /4/:

a) Montmorillonite und Illite–Montmorillonite,
b) Chlorite und Chlorit–Montmorillonite sowie,
c) Kaolinite, Septochlorite

Die Tone können grundsätzlich wie folgt untergliedert werden:

a) Zweischichtentone,
b) Dreischichtentone und
c) Tone mit Doppelkettenstruktur.

Tonminerale weisen zwei strukturelle Einheiten im Kristallgitter auf /2, 4, 5, 99, 181-186/.

Der eine Block besteht aus tetraedrisch koordinierten SiO_4- Bausteinen, die durch Sauerstoffatome mit einer zweiten Schicht verbunden sind.
Diese zweite Lage weist eine oktaedrische Koordination auf und beinhaltet im Schwerpunkt der Bausteine Al-, Mg- bzw. Fe- Atome.

Wenn die Schichten eines Dreischichtentones von oben nach unten mit A, B und A bezeichnet werden, so setzten sich die A-Schichten aus SiO_4–Tetraedern zusammen, während die B-Schicht aus Al-Oktaedern besteht.
Die Zusammensetzung von B– und A– Schichten zu einem Dreischichtton wird in Anlage 8 veranschaulicht.
Wie dieser Anlage zu entnehmen ist, wird die Verbindung zwischen den B– und A– Schichten in einem Dreischichtenton durch die Sauerstoffatome über die Spitzen einzelner Tetraeder hergestellt; diese werden deshalb als Brückensauerstoffe bezeichnet.

2.2.3.1.1. Aufbau

Nach seiner Struktur gehört **Montmorillonit** zu den Dreischichtentonen, die aus einer inneren Aluminatlage (Al – O – OH - Schicht) und aus zwei äußeren Silikatlagen (Si – O - Schichten) bestehen /186, 187/. Aluminatlage und Silikatlagen sind über gemeinsame Sauerstoffatome, sog. Brückensauerstoffe, miteinander verbunden und bilden eine Elementarschicht.
Anlage 9 zeigt schematisch eine Elementarschicht, die als Strukturbildner für eine Spülung wegen ihres Ladungsausgleiches keine Bedeutung besitzt.
Bei den in der Natur vorkommenden Montmorilloniten sind in unregelmäßiger Folge vierwertige Si–Atome der Tetraederschicht durch dreiwertige Al–Atome und dreiwertige Al–Atome der Oktaederschicht gegen zweiwertige Mg– bzw. Fe– Atome ausgetauscht.
Durch diese isomorphe Substitution entsteht aus Mangel an positiver Ladung eine negative Überschußladung an den Basisflächen der Elementarschichten, die durch Adsorption von Kationen, wie z.B. Na^+, Li^+, K^+, Ca^{++}, Ba^{++}, Mg^{++}, H^+, ausgeglichen wird /4, 5, 184/.

Die anhaftenden und diffusen Ionen der Doppelschicht (vgl.2.2.3.1.2) werden als Gegenionen bezeichnet; diese können durch andere ausgetauscht werden.

Für den Ionenaustausch sind Konzentration, Wertigkeit und Ersetzbarkeit der Ionen entscheidend. Na– und Ca–Ionen werden auf Grund ihrer Größe an der Oberfläche angelagert, während kleinere Li– Atome in den oktaedrischen Lücken Platz finden.

H– Atome wandeln durch ihre Sauerstoffaffinität $Si-O^-$ -Gruppen in $Si-OH$–Gruppen um.

Die am meisten angelagerten Kationen bestimmen die physikalischen und chemischen Eigenschaften der Tone; diese werden deshalb nach dem am meisten angelagerten Kation benannt (Na-, Ca– Montmorillonit usw.).

Durch den Bruch der Elementarschicht parallel zur c–Achse werden in den Tetraeder– und Oktaederschichten primäre Bindungen frei, die auf der einen Seite des Bruches die Form $\equiv Si^+$, $=Al^+$ und auf der anderen Seite $\equiv Si-O^-$ und $=Al-O^-$ haben.

Von VAN OLPHEN /184/ an Aluminiumsolen durchgeführte Untersuchungen haben gezeigt, daß im sauren Bereich die Me–O– Verbindungen durch Aufnahme von H^+ neutralisiert werden, während die Me^+ - Verbindungen weiter bestehen bleiben und eine positive Ladung der Sole bewirken. Er übertrug diese Ergebnisse auf Tone und nahm an, daß auch die Bruchkanten der Tone positiv geladen sein müssen.

Die Untersuchungen über den Einfluß von Polyelektrolyten auf Montmorillonite von RUEHRWEIN und WARD /188/, PACKTER /189/, SCHOTT /190/ und SCHWARTZ /191/ lassen auf positiv geladene Bruchkanten schließen und bestätigen die Annahme VAN OLPHEN.

RUEHRWEIN und WARD wiesen die Anlagerung von Polykationen an die negativen Elementarschichtbasisflächen des Montmorillonits durch Vergrößerung des Elementarschichtabstandes mit Hilfe der Röntgenstrahlbeugung nach, SCHWARTZ zeigte, daß durch Zugabe von Polyanionen keine Vergrößerung des c–Abstandes der Elementarschichten des Montmorillonits erfolgt.

Da hier aber nachweislich eine Adsorption von Polyanionen vorlag, mußte von ihrer Anlagerung an die positiv geladenen Bruchkanten des Tones ausgegangen werden.

Die Ergebnisse rheologischer Untersuchungen der **Dehydrill HT**– Spülung, inbesondere nach einer Elektrolyt– und/oder Temperaturbelastung, bestätigen die Zugehörigkeit des DHT zur Bentonit (Montmorillonit)– Grippen /147/.

Durch die Ermittlung des IR–Transmissionsspektrums, das u.a. die Existenz von Silikaten und Hydroxylgruppen (OH) belegt /146/, konnten für Dehydril – HT gleiche, charakteristische Werte nachgewiesen werden, die auch von VAN OLPHEN /184/ sowie BECK und BRUNTON /192/ bei Hektorit festgestellt worden waren.

Der Nachweis von blättchenförmigem Aufbau (d_{001} –Abstand von ca. 1,1 nm) des DHT mit der RDA–Methode weist seine Zugehörigkeit zu den schuppig–blättrig aufgebauten Montmorilloniten nach; dieser Aufbau wird auch durch REM Aufnahmen bestätigt /147/. Die untersuchten DHT–Blättchen weisen eine Größe bis zu 120 µm auf, die auf eine dachziegelartige Verschuppung vieler Einzelkomponente basiert; die maximale Tongröße beträgt ca. 2 µm /147, 193/.

Die Kationenaustauschfähigkeit des DHT wurde nach API–Norm RP 13 B (Methylenblau–Verfahren /194/) zu 38 meg/100 g ermittelt. Dieser Wert entspricht der Kationenaustauschfähigkeit des Hektorites /195, 196/.

Nach Literaturangaben /179/ handelt es sich bei Hektorit um einen trioktaedrischen Dreischichtenton mit der Summenformel:

$$[(Li_{0,66} Mg_{5,34}) Si_8 O_{20} (OH)_4]^{0,66(-)} \cdot 0,66 \ Na^+ \tag{12}$$

Bei der Synthese bleiben die Tetraederschichten mit Silizium belegt, während in den Oktaedern Magnesium z.T. durch Lithium ausgetauscht wird. Es sind aber auch Hektorite bekannt, bei denen die Si–Atome der Tetraederschicht teilweise durch Al–Atome ersetzt wurden /198/.

Die Konzentrationen von K^+, Li^+ und Ca^+ sind bei DHT und Bentonit im Vergleich zum Na^+ - Gehalt sehr gering. Allerdings ist die Besetzungsdichte der angelagerten Kationen im DHT kleiner, was in einer höheren Ergiebigkeit resultiert. Ebenso kann die Besetzung der Oktaederlücken des Dehydrill HT durch Li^+ und Mg^{2+} als Erklärung höheren Ergiebigkeit herangezogen werden /199/.

Zusammenfassend kann gefolgert werden, daß Dehydrill HT (Hektorit), der bei 180 °[C] synthetisiert wird, ein Mitglied der Gruppe der Saponithe ist. Bei seinem Aufbau sind als wichtigste Elemente Si, Mg, Na und Li beteiligt /200/:

$$MgO \cdot a\, MA \cdot b\, Al_2O_3 \cdot c\, SiO_2 \cdot n\, H_2O \qquad (13)$$

M = Na^+ und/oder Li^+ bei einem Na/Li – Verhältnis > 1
A = F, OH und/oder ½ O_2
a = 0,1 bis 0,6
b = 0 bis 0,3
c = 1,2 bis 1,7
n = 0 bis 3,0

2.2.3.1.2. Hydratation

Der Quellungsprozeß wird durch Aufschlämmung des Tones in Wasser ermöglicht. Nach /2/ werden hierbei drei Phasen unterschieden:

1. Gerichtete Anlagerung von Wasserdipolschichten an den Tonbasisflächen bei geringer Wasserzuführ. Hierbei spricht man von "**trocken-fester**" Konsistenz ("nichtflüssiges Wasser")
2. Zusätzliche Aufnahme von Wasser zwischen den Tonteilchen, die eine plastische Verformbarkeit des Tones ermöglicht..
3. Zugabe von exzessiven Wassermengen, die zur Bildung einer Tonsuspension führen.

Bei einem in Wasser suspendierten Ton sind die Verteilungsdichte der angelagerten Kationen und die Elektrolytkonzentration im Wasser für den Zusammenhalt der Elementarschichten verantwortlich /201/. Mit abnehmender Ladungsdichte nimmt die Bindungsenergie zwischen den Elementarschichten ab.

Die abnehmende Bindungsenergie zwischen den angelagerten Kationen und den Tonbasisflächen hat ein verstärktes Eindringen von Wasserdipolen in die Zwischenräume der Elementarschichten zur Folge. Die angelagerten Kationen diffundieren auf Grund der Wärmebewegung und des osmotischen Druckes in die umgebende Flüssigkeit. Sie bilden somit eine diffuse Ionenschicht um die Elementarschicht bzw. Elementarschichtpakete (Anl. 10) /2, 99, 185/. Die Wasserdipole belegen dann die freigewordenen Stellen an den Tonbasisflächen.

Die Dicke einer Wasserdipolschicht beträgt nach BRANDLY, GRIM und CLARK 0,3 nm /202/. Bei trockenem Montmorillonit beträgt der c–Abstand der Elementarschichten 0,92– 0,98 nm /99/. Durch Anlagerung von Wasserdipolschichten kann der d_{001}–Abstand der Elementarschichten des Montmorillonits (vgl. Anl. 9) bis auf 4 nm vergrößert werden (Anl. 11). Durch die Hydratation (Vergrößerung des d_{001}–Abstands) verringert sich die Bindungsenergie zwischen den Elementarschichten des Tones, so daß sie sich voneinander trennen und selbständige Partikel bilden (innerkristalline Quellung).

Eine Wasseraufnahme durch Ton erfolgt auch durch eine Oberflächenhydratation der Elementarschichten, die auch mit "**interpartikuläre Quellung**" bezeichnet wird /187/.

Unterliegen die Partikel einer Scherung, wird die Hydratation beschleunigt.

Das Quellvermögen des Tones nimmt in Abhängigkeit der Elektrolytkonzentration des Anmachwassers und der Wertigkeit der Ionen rapide ab /2, 99, 187/.

Bei einer Aufschlämmung des Tones in Wasser wird die Diffusionsreichweite der Gegenionen (die Dicke der Kationenwolke) von der elektrostatischen Anziehungsenergie zwischen dem Ton und den Gegenionen bestimmt.

Je niedriger diese Energie ist, umso weitreichender ist die Diffusion der Gegenionen. Bei der Diffusion der Kationen in die umgebende Flüssigkeit entsteht eine elektrische Doppelschicht zwischen den negativ geladenen Tonbasisflächen und der Kationenwolke /2, 99/.

Durch Coulomb'sche und/oder van der Waals'sche Anziehungsenergie bleibt unmittelbar an den Tonbasisflächen eine mono– bis biionare Schicht der Gegenionen haften, die als Helmholz–Schicht bezeichnet wird. Nach dieser Schicht beginnt der diffuse Teil der Kationen, in dem in zunehmendem Maße auch Wasserdipole vorhanden sind /203/.

Die Dicke der diffusen Doppelschicht ist definiert als derjenige Abstand von der Tonbasisflächen, bei dem das Potential auf 1/e = 0,37 des Oberflächenpotentials des Tones abgefallen ist /99, 185, 204/.

Über den Potentialverlauf in der diffusen Schicht kann in erster Näherung geschrieben werden:

$$\Psi = \Psi_0 \, e^{-xd} \qquad (14)$$

$$X = \sqrt{(3\pi n z^2 e_0^2)/\varepsilon KT} \qquad \text{Debye - Hückel} \qquad (15)$$

Ψ_0 = Oberflächenpotential
Ψ = Potential im Abstand x von der Tonbasisfläche
N = Teilchenzahl je Volumeneinheit
E = Dielektrizitätskonstante
z = Ionenwertigkeit
e_0 = Elementarladung
T = Absolute Temperatur
k = Boltzmann–konstante: $1,381 * 10^{-23}$ J/K

Die Dicke der diffusen Doppelschicht kann demnach angegeben werden mit /22, 25, 26$_a$/:

$$\sigma = 1/x \qquad (16)$$

Durch die Einführung des Terms "**Ionenstärke**" I:

$$I = 1/2 \ \Sigma_i \ z^2_i \ m_i \qquad (17)$$

m_i = Molarität

ergibt sich aus Gleichung 15:

$$\sigma = 1/\sqrt{I} \qquad (18)$$

Aus dieser Gleichung geht hervor, daß die Dicke der Doppelschicht mit zunehmender Konzentration der zugesetzten Salze und ihrer Ionenwertigkeit abnimmt.

Bei einer Scherbelastung kann nur ein bestimmter Teil der diffusen Doppelschicht mit dem Ton mitbewegt werden. Es erfolgt also in der sogenannten Gleitebene eine Teilung der Kationenwolke. Das Potential auf der Scherebene wird als Zeta-Potential bezeichnet.
Eine Änderung der Verteilung der Gegenionen innerhalb der Doppelschicht beeinträchtigt die Höhe des Zeta–Potentials.

2.2.3.2. Polymere

Zur Regulierung des Wasserverlustes, zur Stabilisierung des Tones bei Elektrolyt– und/oder Temperaturbelastungen und zur Kontrolle des Fließverhaltens werden den Tonspülungen Polymere zugesetzt /2, 4, 5, 7, 14, 25-27, 34, 147, 181-183, 205.209/.
Die Polymere sind kurz– bis langkettige Moleküle mit nichtionischen bzw. anionaktiven Gruppen wie $R\text{-}COO^-$, $-SO_3$. Sie werden nach ihrer Herkunft unterteilt (Abbildung 2).

Hauptgruppen		Beispiele	Verbindung der Monomere	Molmasse	Temperaturstabil bis ... °C
Native Polymere (Polysaccharide)		Stärke	$-O\!\!-\!\!\underset{\|}{C}\!\!-\!\!O\!\!-\!\!C\!\!-$	$5 \times 10^4 - 2 \times 10^5$	100
		Guar-Gum		-	-
		Biopolymer	$-O$	$1,5 \times 10^5 - 3 \times 10^5$	140
Halbsynthetische Polymere	Anionisch	NaCMC	"	5×10^6	140
		CMHEC	"	-	-
		PAC	"	$2,5 \times 10^5 - 1,5 \times 10^5$	140
	Nichtionisch	HEC	"	"	140
Synthetische Polymere		Acrylate	$- C - C$	"	über 200
		Acrylamide	"	-	"
		Copolymere	"		"
		VSVA (z.B. Hostadrill 2825)	"	10^6	"
		Polymere mit Alkylalkoholgruppen (z.B. Polydrill)	"	200,000	"

Polymere für den Einsatz in der Tiefbohrtechnik

ITE 1992 — Abb. 2

Native und halbsynthetische (Anl. 6A-D) Polymere gehören der Gruppe der "Polysaccharide" an. Charakteristisch ist bei dieser Gruppe die Verbindung einzelner Monomere über "Azetalbindungen", zu deren Auflösung eine spezifische arbeit von nur 335 KJ/mol notwendig ist /205, 209/.
Bei synthetischen Polymeren (Anl. 6E) erfolgt die Polymerisation hauptsächlich über C-C-Bindungen, die zu ihrer Auflösung eine ungleich höhere spezifische Arbeit benötigen.

2.2.3.2.1. Aufbau

Nach MOORE und HUMMEL /209/ versteht man unter einem Polymer eine Substanz, deren Moleküle nach ihrer Formel ein Vielfaches eines Grundbausteines, des Monomeren, darstellen (A_n), wobei n unterschiedliche Werte annehmen kann. Binäre und ternäre Systeme sowie Copolymere sind solche, die zwei, drei bzw. mehr unterschiedliche Grundbausteine enthalten. Je nach ihrer Verteilung längs der Kette spricht man von alternierenden [$(AB)_n$], statistischen [$(A_m B_n)_x$, m und n sind unterschiedlich kleine Zahlen] oder Blockcopolymeren [$(A_m B_n)_x$, m und n sind hier unterschiedliche Zahlen].

Im Hinblick auf Struktur und Aufbau unterschieden sich die in der Spülungstechnik eingesetzten Polymere in zwei, ihre Eigenschaften bestimmenden Kenngrößen:

- Der Polymerisationsgrad gibt die durchschnittliche Anzahl der Monomere an, die in einem Polymerfadenmolekül vereinigt sind. Dieser ist für die Eigenschaften des Polymers hinsichtlich der Rheologie verantwortlich.
- Unter dem Substitutionsgrad (Verätherungsgrad) versteht man die Durchschnittszahl der aktiven Anionen pro Monomer des Fadenmoleküls. Dieser gibt einen Hinweis auf die stabilisierende Wirkung des Polymers auf Ton.

2.2.3.2.2. Hydratation

Polymere liegen im Trockenzustand in statistisch wahrscheinlichster Form als "**Knäuel**" vor /7, 147, 205-209/. Gibt man Polymere in ein polares Lösungsmittel, so werden unter 2.2.3.1.2 beschrieben, folgende Faktoren wirksam:

- Konzentrationsgefälle,
- Brown'sche Molekularbewegung und
- Elektrostatische Anziehungskräfte.

Bedingt durch das Konzentrationsgefälle diffundieren die Na^+- Ionen in die umgebende Flüssigkeit hinein und führen zur Bildung einer Kationenwolke um das Fadenmolekül. In den entstandenen Lücken lagern sich Wasserdipole an, wodurch die Hydratation der Polymere bedingt ist. Die Diffusion der $^{Na+}$ -Ionen in die umgebende Flüssigkeit führt in unregelmäßiger Folge zu einer Aktivierung der elektrischen Ladung der $R-COO^-$, die eine elektrostatische Abstoßung längs der Kette verursachen; daher erfolgt eine zunehmende Streckung des Fadenmoleküls, womit dieses vom Knäuel über Zwischenstadien in eine gestreckte Form übergehen kann (Anl. 13). Befinden sich die Polymere in einer Strömung, so wird die Brown'sche Molekularbewegung der einzelnen Moleküle von einer durch die Strömung verursachten Scherkraft überlagert; die Moleküle werden zusätzlich in Rotation versetzt /2/. Diese bewirken eine Streckung des Moleküls in Strömungsrichtung und eine Stauchung senkrecht dazu.

Dieser Effekt führt einerseits zu einer schnelleren Hydratation der Polymere; anderseits ist die schergefälleabhängige Abnahme der Viskosität von Polymerlösungen auch eine Folge dieses Effektes.

2.2.3.2.3. Sonstige Zusätze

Als "**Cross-Linker**" werden Borate, Titan-, Aluminium-, Zirkon-, und Antimon–Komplexverbindungen verwendet. Die Lösung und Quellung dieser Zusätze geschieht wie bei anderen Polymeren.

Als **Gel–Brecher** werden in wasserbasischen Behandlungsflüssigkeiten neben Enzymen vor allem Peroxydisulfate verwendet, die durch Bildung von Radikalen die Polymerketten ab einer Temperatur von ca. 50 °C abbauen. Bei höheren Lagerstättentemperaturen wird dieses Salz deshalb nur in sehr geringen Konzentrationen zugegeben. Die Molekülketten der Aluminiumphosphat–Ester–Verbindungen werden in ölbasischen Fluiden mit Hilfe von schwachen Säuren oder Basen gebrochen.

2.2.4. Stabilität von Bohrspülungen und Behandlungsflüssigkeiten

2.2.4.1. Theorien der Stabilität

Unter dem Begriff "**Stabilität**" wasserbasischer Spülungen versteht man ihre Fähigkeit, Änderungen innerhalb des Systems zu widerstehen.

Tonspülungen stellen grundsätzlich keine stabilen Systeme dar. Es erfolgen mehr oder minder schnell Koagulationen der dispersen Phase (Fläche–zu–Fläche–Anlagerung der Tonteilchen), die gleichbedeutend sind mit ihrer Dehydratation, die zur Unbrauchbarkeit der Spülung führen kann.

Die Koagulationsgeschwindigkeit ist neben dem Faktor Zeit von der Elektrolytart und -konzentration, der Höhe der Temperatur sowie der Intensität der Scherbelastung abhängig /204/. Diese Parameter können zur Überwindung, Verkleinerung oder gar Beseitung der "Hemmungen" führen, die einer Koagulation der Tonteilchen entgegenwirken. Die Partikel können sich dann soweit annähern, daß zwischen ihnen die Anziehungskräfte überwiegen /99, 201, 204/.

Zum besseren Verständnis dieser Vorgänge sollen im Folgenden die Theorien der Stabilität kolloidaler Systeme näher betrachtet werden.

Energie der Wechselwirkung

Die Theorie der "Energie der Wechselwirkung" stammt ursprünglich von HAMER /210/, sie wurde später von OVERBEEK, VERWEY, DERJAGUIN und LANDAU /195/ weiterentwickelt.

Nähern sich in der Suspension zwei Tonteilchen parallel zueinander an, so wirken zwischen ihnen sowohl Abstoßungs— als auch Anziehungsenergien; ihre Resultierende ist für die Stabilität des Systems verantwortlich (Anlage 12).

Im Nahbereich wirksame Energien sind /2, 185, 203/:

- die London–van der Waals'sche Anziehungsenergie,
- die elektrostatische Abstoßungsenergie und
- die atomare Abstoßungsenergie nach Born.

Die London–van der Waals'sche Anziehungsenergie ist im äußersten Nahbereich wirksam und für den Zusammenhalt koagulierter Tonteilchen verantwortlich. Durch wechselnde Dipolmomente eines Atoms kommt es zur Polarisation eines anderen Atoms, so daß sich diese gegenseitig anziehen. Da diese Anziehung zwischen neutralen Teilchen auftritt, handelt es sich hier um eine quantenmechanische Erscheinung, die nach HAMAKER /210/ ausschließlich vom Abstand zwischen den beiden Tonpartikeln abhängt. Elektrolyte und Temperatur haben keinen Einfluß auf ihre Höhe /2/.

$$V_A = - A / (48 \cdot \pi \cdot d^2) \tag{19}$$

$$A = (3/4) (\pi \cdot q \cdot \alpha)^2 \, h \cdot f \tag{20}$$

- A = Hamaker'sche Konstante
- V_A = Anziehungspotential
- d = Abstand zwischen den Tonpartikeln
- q = Anzahl der Atome je cm^3
- α = Polarisierbarkeit
- h = Plank'sches Wirkungsquantum
- f = Grundfrequenz der Atome

Die elektrostatische Abstoßung basiert auf der Interferenz der elektrischen Doppelschichten zweier sich annähernder Tonteilchen. Dabei ändern sich ihre Ionenverteilungen, wodurch sich das Potential bzw. die frei Energie des Systems vergrößert /2, 211/.

Nach OVERBEEK /211/ ergibt sich die wirksame Abstoßung zu:

$$V_{R1} = (64\ n\ k\ T\ /\ x)\ (Y^2\ e^{-xd}) \tag{21}$$

V_{R1} = Abstoßungspotential
n   = Zahl der Ionen pro Volumeneinheit
k   = Boltzmann – Konstante (R/N_L)
d   = Abstand
R   = Universelle Gaskonstante
N_L = Loschmidt'sche Zahl: $2,687 * 10^{25}$ (l/mol)

Gleichung 21 zeigt, daß die Abstoßungsenergie sowohl von der Temperatur als auch der Elektrolytwertigkeit und –konzentration abhängt /2, 99/.

Die Born'sche atomare Abstoßungsenergie V_{R2} basiert auf der Unebenheit der Basisflächen der Tonpartikel. Sie verhindert ein völliges Verzahnen der koagulierten Teilchen ineinander. Die resultierende Gesamtenergie der Wechselwirkung ergibt sich somit zu:

$$V_{ges} = V_A - (V_{R1}+V_{R2}) \tag{22}$$

Die Kurve der Gesamtenergie (Anlage 12) weist drei Extrema auf:

- primäres Potentialminimum (pp),
- Potentialwall (pw) und
- Sekundäres Potentialminimum (sp).

Wie bereits angedeutet wurde, ist eine Koagulation zweier sich parallel annähernder Tonteilchen nur dann möglich, wenn der Potentialwall überwunden werden kann und die Partikel beim (pp) zur Ruhe kommen. Dieser Vorgang ist irreversibel.
In Abhängigkeit der Elektrolytkonzentration und der Ionenwertigkeit kann der Betrag des Potentialwalls abnehmen. Gelangt der Potentialwall in den Bereich der Anziehung, kann es bei jedem Zusammenstoß von Tonteilchen beliebiger kinetischer Energie zu einer Fläche–zu–Fläche–Anlagerung kommen.

Mit steigender Temperatur wächst die Abstoßungsenergie; der Potentialwall wird größer.
In Abhängigkeit der Temperatur nimmt aber die kinetische Energie der Tonteilchen /2/

$$E_{kin} = 3/2 \, k \, T \tag{23}$$

In der Weise zu, daß es bei einer kritischen Temperatur zur Überwindung des Potentialwalls kommt; eine Fläche–zu–Fläche–Anlagerung ist die Folge.
Reich die kinetische Energie der Tonpartikel nicht aus, den Potentialwall zu überwunden, so kann das sich nähernde Teilchen im (sP) zum Stillstand kommen. Dieser quasistabile Zustand wird als eine der Ursachen für die Gelbildung angesehen /2/.

Kinetik der Koagulation

Die Theorie der "Kinetik der Koagulation" stammt von SMOLUCHOWSKI /212, 213/ für monodisperse und von Müller /198, 214/ für Polydisperse Systeme.
Dabei wird die Stabilität einer Spülung nach der Anzahl der Zusammenstöße beurteilt, die pro Zeiteinheit zu einer Fläche–zu–Fläche–Anlagerung führen /99, 215/.
Die Koagulationsgeschwindigkeit wird im Wesentlichen von /216/

- der Brown'schen Molekularbewegung und
- der Kraftwirkung zwischen den Teilchen bestimmt.

Durch die Brown'schen Molekularbewegung kommt es zu einer zickzackförmigen Bewegung der Tonteilchen, wodurch diese in die Wirkungssphäre anderer Tonteilchen gelangen. Diese Annäherung kann je nach der Höhe der zwischen den Teilchen wirksamen Abstoßungsenergie zur Koagulation führen oder aber auch nicht. Wenn auf Grund einer Elektrolyteinwirkung die Abstoßungsenergie soweit abgebaut ist, daß im Nahbereich die Anziehungsenergie überwiegt, führt jede Annäherung zweier Teilchen zu einer Koagulation. In diesem Fall spricht man von einer "schnellen Koagulation". Andernfalls liegt eine langsame Koagulation vor.

Die Anzahl der Partikel, die in einer bestimmten Zeit in die Wirkungssphäre eines fixierten Partikels gelangen, kann mit Hilfe des ersten und des zweiten Fick'schen Gesetzes berechnet werden /99, 216/.

$$n = 4 \cdot \pi \cdot D \cdot R_A \cdot n_o \cdot t \tag{24}$$

$$D = k \cdot T/(6 \cdot \pi \cdot \eta \cdot r) \tag{25}$$

n_o = Anfangszahl der Partikel
D = Diffusionskonstante
T = Absolute Temperatur
k = Boltzmann – Konstante
r = Teilchenradius
η = Viskosität der flüssigen Phase
t = Koagulationszeit
R_A = Wirkungsradius der Anziehungsenergie

Nacht STAHLBERG /99/ und GHOFRANI /2/ besteht zwischen der Anzahl der koagulierten Partikel nach der Zeit t und der Anfangszahl der dispergierten Teilchen folgende Beziehung:

$$n = n_o \cdot e^{-4 \pi \cdot D \cdot R_A \cdot n_o \cdot t} \tag{26}$$
$$n = n_o \cdot e^{-f \cdot t} \tag{27}$$

$f = 4 \cdot \pi \cdot D \cdot R_A \cdot n_o$ (28)

Die Zeit, in der die Anzahl der anfänglich in der Suspension vorhandenen Teilchen durch Koagulation auf die Hälfte reduziert wird, heißt Koagulationszeit (t_k).

Die Koagulationszeit der schnellen Koagulation (t_{KS}) wird von SMOLUCHOWSKI wie folgt angegeben:

$t_{KS} = 3 \cdot \eta \cdot r / (2 \cdot k \cdot T \cdot R_A \cdot n_o)$ (29)

Bei, "**langsamer Koagulation**" führt nicht jede Annäherung zweier Tonteilchen zur Koagulation, da sowohl London–van der Waals'sche Anziehungsenergie als auch die Coulomb'sche Abstoßungsenergie wirksam sind.
Die Koagulationszeit der langsamen Koagulation (t_{k1}) ist um den Kehrwert des Faktors α länger als die Koagulationszeit der schnellen Koagulation.

$t_{K1} = \frac{1}{4} \cdot \pi \cdot D \cdot R_A \cdot n_o \cdot \alpha = 3 \cdot \eta \cdot r / (2 \cdot k \cdot T \cdot R_A \cdot n_o \cdot \alpha)$ (30)

$n = n_o \cdot e^{-f \cdot \alpha \cdot t}$ (31)

Für α = 1 liegt der Fall "schnelle Koagulation" vor. Bei α = 0 ist die Spülung absolut stabil; für 0 > α > 1 liegt eine "langsame Koagulation" vor /2/.

2.2.4.2. Stabilität unter schwierigen Bohrbedingungen

Die Bohrspülungen sind im Bohrloch je nach Teufenlage hohen Temperatur -, Elektrolyt -, und Scherbelastungen ausgesetzt. Der Stabilitätszustand von Bohrspülungen wird durch diese Beanspruchungen mehr oder minder stark beeinträchtigt.

Temperaturbelastung

Wie bereits dargestellt wurde, erfolgt bei ungeschützten Tonsuspensionen nach einer temperaturbedingten Abnahme der Viskosität der flüssigen Phase zunächst ein Viskositätsanstieg /2, 4, 5, 7, 99, 181-183, 191/. Diese Zunahme bis zum Viskositätsmaximum hat ihre Ursache in einer verstärkten Ecke-zu–Fläche–Anlagerung der Tonteilchen. Bei einer weiteren Erhöhung der Temperatur werden die Wasserdipole aus der Hydrathülle der Tonteilchen verstärkt abgeschert; daher sinkt jetzt die Viskosität, während sich gleichzeitig die Filtratrate erhöht. Nach Überschreiten einer kritischen Belastungstemperatur kann es zurr Koagulation der Tonpartikel kommen; dieser Vorgang ist irreversibel.

Bei einer durch Polymere geschützten Tonsuspension führt eine Temperaturbelastung zu einer Zunahme der Schwingungsbereitschaft der Polymerfadenmoleküle, die zu einem höheren Streckungsgrad dieser Polymere führt. Da sich durch Wärmezufuhr die kinetische Energie des System erhöht, kann zunächst die Bindungsenergie zwischen den Wasserdipolen (D–D), die 5 – 20 KJ/mol beträgt, überwunden werden /7, 209/; die in der Hydrathülle der Polymere gebundenen Wasserdipole lösen sich, so daß die Viskosität des System abnimmt. Durch eine weitere Erhöhung der Temperatur kann die Bindungsenergie zwischen den Wasserdipolen und den Ladungsträgern längs der Polymerkette, die 40–130 KJ/mol beträgt, überschritten werden /7, 99, 191, 209/. Dadurch kommt es zu einer erhöhten Wasserabspaltung aus der Hydrathülle. Die Folge ist ein weiteres Absinken der Viskosität der Spülung neben einer weiteren Erhöhung des freien Wassers.
Liegt die Belastungstemperatur unterhalb der kritischen Temperatur des Systems, so ist die Wasserabspaltung reversibel. Übersteigt die Temperatur jedoch einen kritischen Wert von 400 kJ/mol, kommt es zu einem thermischen und/oder oxidativen Abbau des Polymers (Depolymerisation) /2, 4, 5, 99, 191, 205/. Die dann erfolgte Viskositätsabnahme und erhöhte Filtrate sind irreversibel /4, 5, 7, 99, 191/.

Scherbelastung

Durch reine Scherung, d.h. durch Zufuhr mechanischer Energie können Dipol–Dipol-, Dipol–Ionen– und Ionen– Ionen Bindungen längs der Polymereketten gelöst werden; somit muß bei einer Scherbelastung mit ähnlichen, wie oben beschriebenen Effekten gerechnet werden.

Elektrolytbelastung

Elektrolytwertigkeiten und -konzentrationen wirken über die Änderung des Hydratationsgrades der Partikel auf die Stabilität von Tonsuspensionen ein.
Eine bedeutende Rolle spielt dabei der isoelektrische Punkt, d. h. der Zustand, bei dem die Konzentration eines Kations an der Oberfläche der Teilchen genau so groß ist wie in der flüssigen Phase.
Die Elektrolytzugabe zu einer Bohrspülung kann je nach Menge zur Überschreitung des isoelektrischen Punktes führen oder aber auch nicht /2, 99, 191/.

Oberhalb des isoelektrischen Punktes, können zwei Fälle unterschieden werden:

1. Sind die Kationen des Tones und die des Elektrolyten unterschiedlich, können die auf der Tonoberfläche befindlichen Kationen durch die des Elektrolyten ersetzt werden (z.B. Umbruch von Na– zu Ca–Bentonit bei Zugabe von Ca–Salzen).

2. Handelt es sich bei den austauschbaren Kationen des Tones um gleiche Kationen des Elektrolyten, wird es zu einer verstärkten Komprimierung der Kationenwolke kommen, die eine zunehmende Abgabe bereits gebunden Wasser und damit eine Abnahme der Viskosität bewirkt.

Wenn bei Elektrolytzugabe der isoelektrische Punkt nicht überschritten wird, kommt es zum Abbau des Konzentrationsgefälles, bereits in die flüssige Phase hineindiffundierte Kationen werden zurückgedrängt. In der Hydrathülle der Tonteilchen bzw. der Polymerfadenmoleküle gebundene Wasserdipole werden allmählich freigesetzt. Das ξ– Potential der Tonteilchen bzw. der Polymere nimmt ab.

Zur Stabilisierung der Tonsuspensionen gegen die o.g. Einflüsse können Polymere zugesetzt werden. Dabei wird zwischen:

- Filtratsenkern und
- Schutzkolloiden

Unterschieden.

Filtratsenker sind Polymere, die in der Lage sind, nur das freie Wasser der Spülung zu binden. Da diese nicht dissoziationsfähig sind, werden Filtratsenker zur Kontrolle der Filtrationseigenschaften der Spülung eingesetzt.
Bedingt durch die Erhöhung der Viskosität des System kann von den Filtratsenkern jedoch auch eine geringfügige Stabilisierung der Tone (Bildung einer mechanischen Barriere) erwartet werden.

Schutzkolloide sind Polyelektrolyte, die als Ladungsträger im Wasser dissoziieren. Der Aufbau ihrer Hydrathülle ist dem der Tone ähnlich. Nach ihrer Dissoziation lagern sich die anionaktiven Fadenmoleküle an die positiv geladenen Bruchkanten der Tonteilchen an. Bei der Zugabe von Schutzkolloiden zu einer Tonsuspension ist zwischen zwei Fällen zu unterscheiden:

- Die Schutzkolloidkonzentration ist niedrig. Es müssen sich mehrere Tonteilchen an ein Fadenmolekül anlagern; der Ton flockt aus. Dieser Vorgang wird als **"Sensibilierung"** bezeichnet.

- Der Tonsuspension wird relativ viel Schutzkolloid zugesetzt. Die positiv geladenen Bruchkanten der Tonteilchen werden durch entsprechende Anzahl von Polymerfadenmolekülen belegt. Die überschüssigen Polymere können in der flüssigen Phase nur noch die Aufgabe der Wasserbindung übernehmen.

Die Schutzkolloide stabilisieren die Tonsuspensionen demgemäß sowohl durch mechanische (Hydrathüllen) als auch durch elektrostatische Barrieren (ξ-Potential). Es ist daher eine höhere kinetische Energie der Teilchen nötig, um die aufgebaute Barriere zu überwinden, was gleichbedeutend ist mit einem besseren Stabilitätszustand.

3. Ziel der Arbeit

Bohrspülungen und Behandlungsflüssigkeiten können durch eine Feststoffinvasion und/oder Filtratabgabe die Produktivität der Trägerhorizonte mehr oder minder stark beeinträchtigen. Dieses in der Terminologie als "**Trägerschädigung**" bezeichnete Phänomen kann physikalisch, chemisch und/oder bakteriell verursacht werden. Das Ziel dieser Arbeit ist es, die Höhe und die Eindringtiefe der durch ausgesuchte Bohrspülungen und Behandlungsflüssigkeiten verursachten Trägerschädigung experimentell zu bestimmen; ferner sollen die Ursachen der festgestellten Schädigung analysiert werden.

Zur Ermittlung der Höhe und der Eindringtiefe der Schädigung sollen die Parameter "Damage Ratio (DR)" und "Sectional Damage Ratio (SDR)" herangezogen werden. Zur Beurteilung der Schädigungsursachen sollen die Möglichkeiten der Rasterelektronenmikroskopie (REM), der Dünnschliffanalyse am Polarisationsmikroskop und der chemischen Analyse mit Hilfe der Atomabsorptionsspektralanalyse (AAS) genutzt werden.

Als Einflußgrößen der Trägerschädigung soll folgenden Faktoren eine besondere Aufmerksamkeit entgegengebracht werden:

- Differenzdruck,
- Temperatur,
- Zirkulationsgeschwindigkeit,
- Kontaminations- bzw. Behandlungsdauer,
- petrophysikalischen sowie petrochemischen Eigenschaften der Trägergesteine und
- Zusammensetzung sowie Rheologie der Bohrspülungen und Behandlungsflüssigkeiten.

4. Versuchsaufbau und –durchführung

4.1. Versuchsprogramm

Die Programme zu den im Rahmen dieser Arbeit durchzuführenden Untersuchungen sind in den Anlagen 14–18 wiedergegeben.

In Anlage 14 ist das Programm zur Untersuchung des Einflusses der Salinität und des pH–Wertes des Flutwassers auf die Höhe der Durchlässigkeit der Kernproben dargestellt. Hierzu werden nicht-geschädigte Bentheimer bzw. Obernkirchner Sandsteinkerne jeweils mit deionisiertem Wasser, Leitungswasser oder KC1–Lösungen unterschiedlicher Konzentration geschädigt. Diese Kernproben werden anschließend mit Luft bzw. Leitungswasser, deionisiertem Wasser, einer 3 Gew. -%igen NaCl–Lösung, KC1–Lösungen unterschiedlicher Konzentration oder einer 2 Gew. - %igen $CaCl_2$–Lösung durchflutet. Die Dauer der Durchflutung mit Luft beträgt 4 Stunden. Die Proben werden bei Flüssigkeiten als Durchflutungsmedien mit 20 PV beaufschlagt. Anschließend werden die Proben auf Permeabilität, pH – wert, Damage Ratio (DR) und den Kaliumgehalt im Filtrat untersucht.

Die Untersuchung von DHT-, Bentonit– und Polymerspülungen hinsichtlich des Filtrationsverhaltens sowie Trägerschädigung erfolgt an Hand des in Anlage 15 dargestellten Versuchsprogrammes. Bohrspülungen unterschiedlicher Zusammensetzungen (Anl. 15) werden mit $CaCl_2$ in verschiedenen Konzentrationen elektrolytbelastet und anschließend einer Temperaturbelastung von 90 °C über eine Wirkdauer von 24 Stunden ausgesetzt. Als Versuchsbedingungen werden an der Zirkulationsanlage die Zirkulationsgeschwindigkeit, der Differenzdruck, die Zirkulationstemperatur, der Gegendruck und die Versuchsdauer variiert (vgl. Anl. 15). Die auf diese Weise geschädigten Bentheimer bzw. Obernkirchner Sandsteinkerne werden anschließend auf Damage Ratio (DR) und Sectional Damage Ratio (SDR) untersucht. Es folgen rasterelektronenmikroskopische Aufnahmen (REM), Dünnschliff– und Atomabsorptionsspektral (AAS)–Analysen.

Das Programm zur Untersuchung von Frac–Fluiden und Gravel–Trägerflüssigkeiten hinsichtlich ihres Fließverhaltens und der Trägerschädigung ist in Anlage 16 wiedergegeben.

Frac–Fluide bzw. Gravel–Trägerflüssigkeiten unterschiedlicher Zusammensetzungen, die nach bestimmten Anmisch–Vorschriften (vgl. Anl. 16) anzusetzen sind, werden mit Hilfe der Zirkulationsanlage auf ihre schädigende Wirkung auf Bentheimer bzw. Obernkirchner Sandsteine untersucht. Als Untersuchungsbedingungen werden der Differenzdruck und die zirkulationstemperatur variiert. Nach der erfolgten Schädigung werden die Proben auf ihr DR und SDR untersucht. Bei bestimmten Kernproben folgen REM–Aufnahmen. Vor der Versuchsdurchführung werden die Fließkurven der eingesetzten Fluide mit einem Rotationsviskosimeter (Fann, model 35 s) aufgenommen. Daraus können die plastische Viskosität und die Bingham'sche Fließgrenze dieser Fluide berechnet werden.

Das Programm zur Ermittlung der Höhe der Änderung des Schädigungsgrades von Kernproben nach Rückförderversuchen ist in Anlage 17 dargestellt.
Kernproben aus Bentheimer Sandstein werden mit einem Fluid bestimmter Zusammensetzung in der Zirkulationsanlage geschädigt. Während bei diesen Versuchen der Differenzdruck, die Zirkulationstemperatur und die Versuchsdauer konstant gehalten werden, wird Zirkulationsgeschwindigkeit von 0 bis 0,6 m/s Variiert. Die geschädigten Kern werden in einem Flüssigkeits-Permeameter in Hinblick auf ihre Durchlässigkeit untersucht. Nunmehr werden die Kerne dem Permeameter entnommen und um 180° gedreht, erneut in die Hassler Zelle eingebaut. Das Meßmedium (1,5 Gew. –% KCl–Lösung) tritt in dieser Phase durch das Kernende ein, das keinen Filterkuchen enthält. Es werden Verdrängungsdrücke von 10–200 kPa eingestellt und entsprechende Werte ermittelt.
In Anlage 18 ist das Programm zur Untersuchung der Höhe der Restschädigung nach einer Säurebehandlung der mit Bohrspülungen geschädigten Kerne aus Bentheimer und Obernkirchner Sandstein dargelegt.

Die geschädigten Kerne, bei denen das DR ermittelt worden ist, werden in der Hassler Zelle mit 10 PV Säuren unterschiedlicher Zusammensetzung und Konzentration unter bestimmtem Differenzdruck durchflutet. Anschließend werden die Permeabilitätswerte des Kernes bzw. der Kernsegmente ermittelt, um die DR– bzw. SDR–Werte berechnen zu können.

4.2. Versuchseinrichtungen

Zirkulationsanlage

Für die Untersuchungen der dynamischen und statischen Filtration sowie der Trägerschädigung durch Bohrspülungen und Behandlungsflüssigkeiten wird die am ITE weiterentwickelte Zirkulationsanlage (Anl. 19A) verwendet.
Im wesentlichen setzt sich diese Anlage aus:

- einer Filtrationszelle und
- einem Spülungskreislauf

zusammen

Die Filtrationszelle ist ein nach dem Prinzip der Hassler Zelle arbeitender Filtrationsautoklav. Die 5 bis 25 cm–langen Kernproben (13) werden auch hier von einer Gummimanschette (12) umschlossen, dessen Manteldruck über eine Handpumpe (14) mit Wasser erzeugt wird; dieser wird an einem Manometer abgelesen. Um einen bestimmten Druck nicht zu überschreiten, ist die Anlage mit einem Sicherheitsventil (15) ausgerüstet. Die Filtrationszelle und der Spülungskreislauf sind mit einer Mantelheizung (11) ausgestattet, mit der Temperaturen bis 96 °C realisiert werden können. Als Wärmeübertragungsmedium dient Öl, dessen Temperatur über einen Ölthermostaten (5) geregelt wird. Das Öl wird in einem Vorratsbehälter aufgeheizt und über Wärmetauscher durch die Filtrationszelle und den Spülungskreislauf geleitet.

Mit Hilfe eines Strömungsreglers (10) kann die Strömungsgeschwindigkeit der Bohrspülungen und Behandlungsflüssigkeiten durch Änderung der Spaltbreite zwischen 0,1–3,0 m/s variiert werden. Eine zylindrische Filtratleitung am anderen Ende der Zelle leitet den verdrängten Poreninhalt ab. Der verdrängte Poreninhalt und das Filtrat werden in einem Becherglas (16) aufgefangen. Diese Auffanggefäß befindet sich auf einer Digitalwaage (17), sodaß mit Hilfe eines Chronometers die kumulative Filtratmenge in Abhängigkeit der Versuchsdauer bestimmt werden kann.

Die zweite Komponente der Versuchsanlage ist die Zirkulationseinheit (Spülungsbehälter und Kolbenpumpe), die einen geschlossenen Kreislauf bildet. Die Duplex–Kolbepumpen (8) zirkuliert das Fluid aus dem Reservoir (1) an der Stirnseite der Gesteinsprobe vorbei und zurück in den Vorratsbehälter. Die Druckstöße im Kreislauf werden durch einen Pulsationsdämpfer (9) gemindert. Um einen bestimmten Systemdruck zu realisieren, kann das Autoklavegefäß über eine Gasflasche (Stickstoff) (19) mit Druckhalteventil mit einem Druck bis zu 10 Mpa beaufschlagt werden. Nach dem Versuch wird der Druck über ein Ablaßventil (20) abgebaut. Im Druckbehälter ermöglichen zwei Heizsysteme das Aufheizen des Fluide auf die gewünschte Temperatur.

Im Ölkreislauf, der den Wärmetauscher in der Hassler Zelle versorgt, ist im Inneren des Druckbehälters eine Heizspirale (3) integriert; ferner befinden sich in den Wänden des Spülungsautoklaven elektrische Heizdrähte (2). Die Einstellung der Temperatur erfolgt hier über einen Thermoregler mit Fühler (4).

Die Temperaturüberwachung wird durch eine Digitalanzeige ermöglicht (18). Nach dem Versuch können die Bohrspülung bzw. die Behandlungsflüssigkeit entweder auszirkuliert oder über ein Ventil (6) am Druckbehälter abgelassen werden.

Durch eine Neuentwicklung (Anl. 19B) ist es erstmalig ermöglicht worden, an dieser Anlage den Poreninhalt entsprechend den Bohrlochbedingungen mit einem Gegendruck zu beaufschlagen.

Zur Realisierung des Gegendruckes wird der Fluidvorratsbehälter (1) zunächst über ein Entlüftungsventil (3) mit der Gegendruckseite verbunden, um die Hassler Zelle mit Flüssigkeit zu füllen. Dann wird der gewünschte Gegendruck durch Druckbeaufschlagung eines zweiten Fluidvorratsbehälters (9) mit Stickstoff (15) aufgebracht. Der Stickstoff sorgt über ein Druckhalteventil (6) außerdem für stabile Druckverhältnisse während der Versuchsdurchführung.

Viskositätsmeßeinrichtungen

Zur Bestimmung der rheologischen Eigenschaften der einzusetzenden Bohrspülungen und Behandlungsflüssigkeiten kann ein Fann–Viskosimeter, Modell 35 S, eingesetzt werden. Hierbei handelt es sich um ein Rotationsviskosimeter, das nach dem Couette–Hatschek–Prinzip arbeitet (Anl. 20A). Der äußere Zylinder (1) kann über ein Schaltgetriebe (4) mit sechs verschiedenen Drehfrequenzen rotieren. Damit ist die Aufnahme der Fließkurve in einem Schergefällebereich bis 960 S^{-1} möglich.

Die induzierte Schubspannung τ_{Rotor} wird über die im Ringspalt befindliche Bohrspülung bzw. Behandlungsflüssigkeit auf den innen gelegenen, koaxial angeordneten und mit einer Torsionsfeder (T7) fixierten Drehkörper übertragen, der aus seiner Ruhelage ausgelenkt wird. Die am inneren Drehkörper (2) wirkende Schubspannung $\tau_{Drehkörper}$ ist eine Funktion der Zähigkeit der Fluide und der Schubspannung τ_{Rotor}. Der Verdrillungswinkel des inneren Drehkörpers wird auf einer linear geteilten Skala in Skalenteilen abgelesen.

Um Flüssigkeiten auch bei Temperaturen bis 94 °C auf ihre rheologischen Eigenschaften untersuchen zu können, steht ein Spülungsbehälter mit einer elektrischen Mantelheizung zur Verfügung.

Zur Bestimmung der Viskosität von Rohölen kann das Haake-Rotationsviskosimeter RV 100 (Anl. 20B) verwendet werden.

Porosimeter

Zur Ermittlung der Porenradienverteilung der Modellsteine wird das Carlo Erba–Druckporosimeter, Modell AG/65, eingesetzt (s. Anl. 21). Das in einem Metallgehäuse eingebaute Gerät besteht im wesentlichen aus:

- einem Quecksilber–Niveaumeß–und Registriersystem,
- einem Druckverstärker sowie
- einem Druckmeß– und Registriersystem.

Flüssigkeitspermeameter

Zur Ermittlung der Permeabilität der Kernproben wird ein Flüssigkeitspermeameter (Anl. 22) verwendet. Der Kern (3) wird in eine Hassler–Zelle (1) eingebaut und von einer Gummimanschette (2) umschlossen. Durch einen Manteldruck (600–2500 kPa) wird die Manschette fest an die Probe gedrückt, so daß Randströmungen ausgeschlossen werden können. Über den Flüssigkeitsvorratsbehälter (8) wird für Bentheimer Sandsteine längs des Kerns ein Differenzdruck von maximal 5 – 10 kPa realisiert. Bei geringpermeablen Kernen muß die Flüssigkeitssäule zusätzlich mit Druckluft (10) beaufschlagt werden, um einen Differenzdruck von 500 – 800 kPa einzustellen. Der Volumenstrom wird mit Hilfe eines Meßzylinders (12) bestimmt; die seit Begin der Filtration verstrichene Zeit wird mit einer Stoppuhr aufgenommen.

Gaspermeameter

Zur Erfassung der effektiven Gaspermeabilität kaliumchlorid–gesättigter Obernkirchner Sandsteine wird ein Gaspermeameter eingesetzt (Anl. 23).

Rasterelektronenmikroskop

Das Prinzip der Rasterelektronenmikroskopie (Anl. 24) beruht auf dem zeilenförmigen Abrastern der Probenoberfläche in der Probenkammer (2) durch einen Primärelektronenstrahl mit einem Deflektor (1). Die Rückstreu – und Sekundärelektronen werden erfaßt und führen zur Visualisierung der Probenoberfläche, die mit Hilfe eines Videoverstärkers auf einen Bildschirm (3) projiziert wird. Das Abrastern der Probenoberfläche erfolgt unter Vakuum, damit der Elektronenstrahl durch Luftmoleküle nicht gestreut wird /220/.

4.3. Untersuchte Bohrspülungen und Behandlungsflüssigkeiten

Bohrspülungen

Aus der Vielzahl verschiedener Bohrspülungen sollen im Rahmen dieser Arbeit:

- Dehydrill HT–Spülungen,
- Bentonit–Spülungen,
- Kreide–Spülungen sowie
- Inhibierte bzw. nicht inhibierte Spülungen
  untersucht werden.

Diese Bohrspülungen können in:

- feststoffarme bzw.
- feststoffhaltige

Spülungen unterteilt werden.

Hinsichtlich ihrer Zusammensetzung müssen diese Bohrspülungen zur Bewältigung folgender Aufgaben konditioniert sein:

o   Schnelle Bildung eines abdichtenden Filterkuchens.

Die Bewältigung dieser Aufgabe setzt eine kurze Mud–Spurt–Phase und niedrige Filtratverluste voraus, wobei folgende Faktoren berücksichtigt werden müssen:

- Korngrößenverteilung der Feststoffe in der Spülung,
- Porenradienverteilung des Trägergesteins und
- Anteil der brückenbildenden Feststoffe an dem Gesamtfeststoffgehalt der Spülung.

o   Löslichkeit des Filterkuchens in Säuren vor Aufnahme der Produktion.

o   Minimierung der Trägerschädigung durch das Filtrat

Da geeignete brückenbildende Feststoffe (Art, Korngröße, Konzentration, Löslichkeit) den Träger im bohrlochnahen Bereich schnell abdichten und somit die Trägerschädigung auf ein Mindestmaß reduzieren können, werden in diesen Spülungen Ton und Kreide als Feststoffe eingesetzt. Um die Porenräume der Bentheimer bzw. der Obernkirchner Sandsteine schnell zu verschließen, werden Kreiden in verschiedenen Korngrößen (s. Anl. 96-99) mit einem Anteil von maximal 17,8 Gew. -% (s. Anl. 15 und Anl. 44) verwendet.

Behandlungsflüssigkeiten

Die Frac- und Gravel-Trägerflüssigkeiten werden in Abstimmung mit den Experten der Industrie festgelegt.

Es sollen:

- Versagel (wasserbasische Frac-Flüssigkeit),
- MY–T–Oil (ölbasische Frac–Flüssigkeit),
- Hydropac (wasserbasische Gravel-Trägerflüssigkeiten) und
- HCl bzw. HF/HCl

Untersucht werden.

4.4. Eingesetzte Modellgesteine

Die wichtigsten lagerstättentechnischen Parameter des Gesteins im Hinblick auf Trägerschädigung sind die Permeabilität, die Porosität und die Porenradienverteilung. Einflußfaktoren auf diese Gesteinseigenschaften resultieren aus der Art der Ablagerung der Speichergesteine, der Kompaktion und der Mineralbildung. Es soll hier insbesondere auf die Bedeutung der Tonminerale in den Gesteinsporen hingewiesen werden, da sie die Trägerschädigung entscheidend beeinflussen können /218, 219/. Die petrophysikalischen Parameter der eingesetzten Modellgesteine sind Tabelle 1 zu entnehmen.

Die schwankenden Permeabilitätswerte der eingesetzten Sandsteine sind darauf zurückzuführen, daß die entsprechenden Kerne aus unterschiedlichen Profilen (vertikal, horizontal) gewonnen wurden müßten /217/.

Bentheimer Sandstein

Der eingesetzte Bentheimer Sandstein wird dem Mittelvalendium (Unterkreide) zugeordnet. Der Aufbau des Bentheimer Sandsteins ist gekennzeichnet durch gutsortierte Sandsteinschichten. Der Sortierungskoeffizient liegt bei 1,2 bis 1,4.

Der Medianwert der Korndurchmesser liegt bei 0,2 mm. Die Kornrundung ist nur mäßig, was auf relativ kurze Transportwege schließen läßt.

Die Porositäten der aus Bentheimer Sandstein bestehenden, produktiven Horizonte liegen im Durchschnitt bei 20–25 %, die Permeabilitäten zwischen 1–3,5 μm^2 (D). Eisen tritt in Form von Siderit (Eisenkarbonat) auf, wobei es bei der Verwitterung zur Lösung von Eisen kommt, das als Oxid bzw. Hydroxid in Form von Krusten und Häuten wieder im Gestein ausfällt. Durch die Fällung von Hydroxiden kommt es lokal zu verfestigten Bereichen, da die Eisenverbindungen Bindemittelfunktionen übernehmen. Erhöht sich der Eisengehalt, kommt es zur Bildung von konzentrischschalig aufgebaute Krusten mit ockergelber Farbe /42, 218, 219/.

Der Bentheimer Sandstein besteht hauptsächlich aus Quarz (zu 94 %, grobkörnig) und enthält kaum Gesteinsbruchstücke. In den Porenräumen finden sich bis zu 1 Gew. –% Tonmineralien (Kaolinit, Illit) /42, 62, 218, 219/.

Obernkirchner Sandstein

Das Probenmaterial stammt aus dem Obernkirchner Steinbruch im südlichen Teil des Bückeberges. Es sind kompakte und feinkörnige Ablagerungen aus der unteren Kreide (Wealden) /116-118/. Die durchschnittliche Porosität beträgt 15–20%. Die Flüssigkeitspermeabilität $(5–20)*10^{-3}$ µm^2 (5–20 mD)). In seiner mineralogischen Zusammensetzung unterscheidet sich der Obernkirchner Sandstein vom Bentheimer Sandstein durch seinen geringen Anteil an Glimmer, Epidot, Zirkon, Turmalin und Erzen. Die Porenräume sind zum Teil mit Tonmineralien gefüllt (<2%). Diese Gesteine sind weitgehend kompaktiert und fast homogen.

Tabelle 1: Mineralogische und petrophysikalische Daten des Bentheimer und des Obernkirchner Sandsteins

Gestein	Quarz in %	Feldspat In %	Feinpartikel In Poren In %	Opak-mineralien In %	Schwer-Mineralien In %	Ton In %	Porosität In %	Permeabilität In µm^2(D)	Porengröße In µm
Obern-Kirchner Sandstein	92	3,5	1,0	0,75	0,75	2,0	15-20	0,005-0,02 0,015-0,03*	15±10
Bentheimer Sandstein	94	1,5	1,5	0,5	0,5	1,0	20-15	1 – 3,5	25±10

* Gaspermeabilität

4.5. Versuchsdurchführung

Um reproduzierbare Ergebnisse zu erhalten, wurden beim Ansetzen der Bohrspülungen und Behandlungsflüssigkeiten bestimmte Anmischvorschriften eingehalten.

Bei der **DHT–Spülung** mit Leitungswasser zunächst eine 2,5 Gew. –% ige Stammlösung hergestellt. Das Anmischen erfolgte mit Hilfe eines Blattrührers bei einer Drehfrequenz von 800 min^{-1}. Die Rührdauer betrag 24 Stunden. Anschließend erfolgte im rühenden Zustand eine 72–stündige Quellung.

Vor der Verdünnung wurde die Stammlösung fünf Minuten lang mit einem Blattrührer gerührt. Zur Verdünnung wurde der Stammlösung entsprechend Leitungwasser zugegeben; die Mischung wurde dann mit dem Blattrührer zwei Stunden lang bei 800 min^{-1} homogenisiert; anschließend erfolgte eine Ruheperiode von 24 Stunden.

Vor jedem Einsatz wurde die Probe zehn Minuten lang mit einem Blattrührer bei 800 min^{-1} gerührt.

Bentonitspülungen wurden 8 Gew. –%ig angesetzt und 24 Stunden lang gerührt ; anschließend erfolgte eine Ruheperiode von drei Tagen, um eine weitgehende Quellung des Tones zu erreichen.

Die **Polymerlösungen** wurden 24 Stunden lang gerührt, damit eine weitgehende Hydratation des Polymeres gewährleistet war.

Feststoffe wurden mit den o. g. Suspensionen sechs Stunden lang verrührt, damit eine homogene Verteilung dieser Stoffe in der Suspension sichergestellt werden konnte.

Unter **Behandlungsflüssigkeiten** werden an dieser Stelle die Anmischvorschriften für VERSAGEL, MY–T–OIL, HYDROPAC und SÄUREN angesprochen.

Zum Ansetzen von **VERSAGEL** wurde eine gesättigte Salzlösung mit pH 7 mit 4,8 g/l WG –11 (HPG) vermischt, wodurch sich ein pH–Wert von ca. 8,8 einstellte.

Eine anschließende Herabsetzung des pH–Wertes auf 5,5–6 durch Zugabe von 40%–iger HAC oder entsprechender Salzsäure führte zu einer vollständigen Lösung der Polymere in der flüssigen Phase. Nach dieser Behandlung wurde der pH–Wert durch Zugabe von K–34 (Natriumbikarbonat) erneut auf 6,5–7 erhöht.

Um die Ausbildung eines Netzwerkes zu ermöglichen, wurden 0,4 cm^3/l CL-11 (Titanvernetzer) hinzugegeben. Die sog. "lepping-time", ein Maß für die Vernetzungszeit, beträgt hier ca. zwei Minuten. Unmittelbar vor dem Einsatz wurde dem Gel ein Breaker (Natrium– oder Ammoniumperoxydisulfat) in einer Konzentration von 0,006–0,06 Gew. –% für Einsatz bei 93 °C bzw. 0,024–0,06 Gew. –% für den Einsatz bei 60 °C beigemengt.

Zum Ansetzen von **MY–T–OIL** wurden 250 cm^3 Dieselöl und 2 cm^3 MO–55A (Gelbildner) miteinander vermischt; es wurde dann K–34 hinzugegeben. Anschließend erfolgte vor dem Einsatz eine langsame Zugabe von 0,625 cm^3 MO-56 (Natriumaluminat–Lösung) als Katalysator. Bei langsamer Zugabe dieses Katalysators kommt es zur Entstehung des Gels, das einen pH–Wert von 7 besitzt. Wird dieser Wert stark unter– oder überschritten, kommt es zur Zerstörung des Gels.

HYDROPAC wurde vorbereitet, indem gesättigtes Salzwasser durch Zugabe von 40%iger HAC oder entsprechender Salzsäure auf einen pH–Wert von 3,5 eingestellt wurde. Anschließend wurden 9,6 g/l WG–17 (HEC) hinzugegeben. Hatte sich das Polymer nach zehn Minuten volständig gelöst, wurde der pH–Wert mit Hilfe von NaOH auf 8–10 erhöht. Dann erfolgte ein fünfzehnminütiges Rühren; schließlich wurde der pH–Wert wiederum auf 6–7 gesenkt.

Zur **Säurebehandlung** wurden Salzsäure $C_{(HC1)}$= 4 mol/l oder Gemische aus Salzsäure $C_{(HC1)}$ = 3,2 mol/l und Flußsäure $C_{(HF)}$ = 1,5 mol/l benutzt.

4.5.1. Filtrationsuntersuchungen

Im Rahmen der vorgelegten Arbeit wurden sowohl statische, als auch dynamische Filtrationsuntersuchungen durchgeführt.

4.5.1.1. Untersuchung der statischen Filtration

Bei der statischen Filtration befindet sich die Spülung in Ruhe. Das statische Filtrationsverhalten eingesetzter Bohrspülungen und Behandlungsflüssigkeiten wurde mit Hilfe der ITE–Zirkulationsanlage (Anl. 19) untersucht.

Um aussagefähige Versuchsergebnisse zu erhalten, wurden bestimmten Bohrspülungen und Behandlungsflüssigkeiten Kernproben möglichst gleicher Permeabilität zugeordnet. Vor jedem Versuch wurde der Druckbehälter der Zirkulationsanlage mit 2,4 Litern des jeweiligen Fluids gefüllt, die Versuche wurden unter entsprechenden Temperaturen sowie Drücken (s. Anl. 14–18) durchgeführt. Der Manteldruck, mit dem die Gummimanschette beaufschlagt wurde, lag jeweils ca. 2,0 Mpa über dem entsprechenden Differenzdruck. Die Erwärmung der Gesteinsproben erfolgte über den Mantel der Hassler Zelle durch eine Ölheizung, die Aufheizung des Fluids im Druckbehälter sowohl durch eine elektrische Mantelheizung als auch durch eine innere, öldurchflossene Heizspirale (s. Kap. 4.2).

Die Versuchsdauer betrug 1–7 Stunden. Die ausgewählten Bohrkerne wurden orientiert in die Hassler Zelle eingebaut; so war gewährleistet, daß die Durchflutung des Kernes in der Zirkulationsanlage bzw. im Permeameter jeweils in derselben Richtung erfolgte.

Nach dem Einbau der Kernprobe in die Hassler Zelle wurde mit Hilfe von Stickstoff Fluid aus dem Fluidvorratsbehälter in den Kreislauf gepresst; mit diesem einmaligen Vorgang konnte das Fluid an der Stirnseite der Gesteinsprobe vorbei in den Fluidvorratsbehälter zurückfließen.

Bei statischen Versuchen wurde die Duplexpumpe somit nicht in Betrieb genommen.

4.5.1.2. Untersuchung der dynamischen Filtration

Eine dynamischen Filtration liegt vor, wenn das Fluid zirkuliert. Das dynamische Filtrationsverhalten eingesetzter Fluide wurde bei analogem Versuchsaufbau ebenfalls in der Zirkulationsanlage untersucht. Am Strömungsregler wurden die gewünschten Geschwindigkeiten (≤ 1,5 m/s) eingestellt. Die Zirkulationstemperatur betrug während der Filtration max. 90 °C; der Differenzdruck wurde auf max. 6 Mpa eingestellt. Eine Duplexpumpe zirkulierte die Flüssigkeiten an der Stirnseite des Kernes vorbei. Um den Einfluß des wiederholten Filterkuchenauf- und –abbaus (wechselnde statische und dynamische Filtration) auf die Trägerschädigung zu erfassen, wurden in einem entsprechenden Versuch vier Stunden lang abwechselnd eine Stunde dynamisch und eine Stunde statisch Filtriert.

4.5.2. Untersuchungen am Modellgestein

Die Sandsteinkerne mit einem Durchmesser von 2,54 cm wurden nach dem Erbohren aus dem Gesteinsblock in 25 cm–lange Stücke zersägt. Die gewonnenen Kerne wurden nach der Säuberung von anhaftenden Verunreinigungen im Trockenschrank bei ca. 110 °C getrocknet. Es konnte durch Wägung des Kernes nach verschiedenen Verweildauern im Trockenschrank nachgewiesen werden, daß sich spätestens nach 48 Stunden eine Massenkonstanz einstellte.

Nach der Beschriftung erfolgte die Tränkung der Kerne in einem Exsikkator, indem die Probe zunächst über mindestens 12 Stunden evakuiert wurde, um anschließend eine möglichst Vollständige Sättigung mit einer 1,5 Gew.%–igen KC1–Lösung zu erriechen. Die KC1–Lösung sollte eine Quellung der tonigen Bestandteile des Sandsteines verhindern, damit seine ursprüngliche Permeabilität erhalten blieb.

Die toninhibierende Wirkung der KCl–Lösung ist darin begründet, daß nach MONDSHINE /5/ Kaliumionen einen relativ kleinen Durchmesser besitzen und nach BLACK & HOWER /5/ andere austauschbare Kationen des Tons substituieren; sie können deshalb leicht zwischen die einzelnen Tonpartikel eindringen und bedingt durch die schwache Hydratationsneigung der entstandenen K–Tone eine Quellung einschränken (Anl. 26).

Es wurden Permeabilitätsmessungen auch an Kernen vorgenommen, die nacheinander mit destilliertem Wasser, Leitungswasser sowie 0,5; 1; 1,5; 2 und 2,5 Gew. %-iger KC1– Lösung getränkt worden waren. Diese Messungen wurden auch bei Verdünnung der KC1– Lösung im Porenraum von 2,5 bis auf 0 Gew.% vorgenommen. Dabei verblieben die Proben jeweils 10 Stunden in der nächsthöheren bzw. – niedrigeren Konzentrationsstufe. Danach erfolgte eine Flutung mit dem zwanzigfachen Porenvolumen. Nach jeder Sättigungsstufe wurde die Permeabilität gemessen.

4.5.2.1. Porosität und Porenradienverteilung

Die Nutzporosität wurde Hilfe der Tränkungsmethode ermittelt /119/. Die getrockneten Kernstücke wurden gewogen und in einem Exsikkator mit Methanol getränkt. Nach Entfernen der anhaftenden Tränkflüssigkeit wurde die Masse der getränkten Proben bestimmt.

Das Nutzporenvolumen errechnet sich aus der Massendifferenz zwischen getränktem und getrocknetem Kern, bezogen auf die Dichte der eingedrungenen Flüssigkeit. Anschließend wurden die getränkten Kernstücke unter Methanol gewogen.
Subtrahiert man diesen Wert von der Masse der getränkten Probe an der Luft, so erhält man die Masse der verdrängten Flüssigkeit. Mit der Dichte des Methanols konnte das Gesamtvolumen der Probe entsprechend berechnet werden. Der Quotient aus dem Nutzporenvolumen und dem Gesamtvolumen ergibt die Nutzporosität des Gesteins.

Die Bestimmung der Porenradienverteilung erfolgte mit dem Carlo–Erba–Quecksilber–Druckporosimeter.

Es wurde jeweils ein ca. 4–5 g schweres Kernstück in das Glas-Dilatometer eingebracht. Nach dem Befüllen des Dilatometers mit Quecksilber und Evakuieren der Probe wurde das Kernstück durch Belüftung in Stufen von jeweils 20 kPa bis zum Atmosphärendruck beaufschlagt; dabei wurde das entsprechende Quecksilberniveau am Dilatometerhals abgelesen. Das befüllte Dilatometer–Gefäß wurde anschließend in den Autoklaven des Porosimeters eingesetzt. Das Volumen des unter Druckbelastung in die Poren des Kerns eingedrungenen Quecksilbers wurde als Funktion des eingestellten Druckes (max. 100 MPa) aufgezeichnet.

Porenradien von 75 nm bis 7500 nm können mit dem Niederdruckteil, solche zwischen 7,5 nm und 75 nm mit dem Hochdruckteil des Gerätes erfaßt werden.

Die folgende Gleichung gibt den Zusammenhang zwischen dem eingestellten Druck p und dem Porenradius r wieder:

$$r = 7500/p \quad \text{in nm} \tag{32}$$

$$p = \text{eingestellter Druck} \quad \text{in Mpa}$$

4.5.2.2. Permeabilität

Die Permeabilität k kann nach dem Gesetz von DARCY ermittelt werden:

$$k = \frac{0{,}1 * \eta * q * 1}{\Delta p * A} \quad \mu m^2 \text{ (D)} \tag{33}$$

η = Viskosität des Flutmediums [mPas]
q = Fließrate [cm^3/s]
l = Kernlänge [cm]
Δp = Differenzdruck [MPa]
A = Kernquerschnitt [cm^2]

Sind in den Poren des Gesteins zwei oder mehrere Medien enthalten, so ergibt die DARCY–Gleichung bei stationärer Strömung eine für jedes Fluid eigene Permeabilität, die sog. "effektive Permeabilität" k_e.
Das Verhältnis der effektiven zur absoluten Permeabilität stellt die "relative Permeabilität" k_r dar.

$$k_r = k_e / k \tag{34}$$

Auf kompressible Medien ist die DARCY–Gleichung in vorliegender Form nicht anwendbar. Anlage 27 verdeutlicht die für Flüssigkeiten geltende viskose Strömung sowie die in der λ –Zone vorherrschende Gleitströmung. Die der Theorie der viskosen Strömung widersprechende hohe Geschwindigkeit der Gasmoleküle in der λ–Zone erklärt das abweichende Verhalten kompressibler Medien.

Durch graphische Auftragung der unter verschiedenen Drücken gemessenen Permeabilitätswerte k_a über $1/p_m$ läßt sich die äquivalente Flüssigkeitspermeabilität des Kerns für das entsprechende Gas durch Extrapolation der eingezeichneten Geraden bei $(1/p_m) = 0$ bestimmen.

Die ursprüngliche Permeabilität k_u der Gesteinsproben wurde mit dem unter 4.2 beschriebenen Flüssigkeitspermeameter ermittelt. Dazu wurden die getränkten Kerne in die Hassler Zelle eingebaut. Die Gummimanschette wurde mit Drücken bis zu 2500 kPa beaufschlagt. Um eine ausreichend hohe fließrate zu gewährleisten, wurden bei Bentheimer Sandstein ein Differenzdruck von 10 kPa und beim Obernkirchner Sandstein ein Differenzdruck von 500 kPa angelegt. Nach Einstellung stationärer Fließverhältnisse wurde das Volumen der die Probe innerhalb von 180 s (Bentheimer Sandstein) bzw. 5–20 min (Obernkirchner Sandstein) durchflutenden Flüssigkeit gemessen.

Dazu wurden eine Waage und ein Meßzylinder mit einer Ablesegenauigkeit von 0,1 cm^3 eingesetzt. Um die Zuverlässigkeit der Ergebnisse zu erhöhen, wurden jeweils mindestens zwei Messungen durchgeführt und der Mittelwert gebildet.

An den Kernproben des Bentheimer Sandsteins wurde auch die effektive Permeabilität für Öl gemessen. Dazu wurde die im Kern befindliche KC1–Lösung durch ein Rohöl aus der Bohrung Eddesse, Nord bis zur Haftwassersättigung verdrängt.

Für Obernkirchner Sandstein wurden neben der Flüssigkeitspermeabilität (KC1–Lösung) auch die effektiven Gaspermeabilitäten k_e mit dem unter 4.2 beschriebenen Gaspermeameter bestimmt.

Die Messung der Permeabilität geschädigter Kerne erfolgte analog. Während die Messung der Permeabilität der Kerne nach Schädigung durch Spülung unmittelbar erfolgte, benötigten insbesondere Frac–Fluide eine Wartzeit von 24 Stunden im Autoklaven, damit der Gelbrecher voll zur Wirkung kam.
Erst anschließend wurden die Messungen in der Hassler Zelle durchgeführt. Durch die während der Filtration verursachte Trägerschädigung mußte nun jedoch ein höherer Differenzdruck angelegt werden, um meßbare Werte zu erhalten.

4.5.2.3. REM - Untersuchungen

Für die REM – Untersuchungen war ein besondere Vorbereitung der Proben notwendig. Dazu wurden aus der Stirnseite, der Mitte und dem Ende des Kernes jeweils 3–5 mm–dicke Gesteinsplättchen abgesägt und zerstückelt.
Die Proben wurden mit Hilfe der **Schockgefriertechnik** in zwei Stufen tiefgefroren. In der ersten Phase wurden die Proben in einem mit tiefkaltem, 2–Methylbutan gefüllten Metallbehälter auf –160 °C schockgefroren.
In der Phase 2 wurden die Proben in flüssigem Stickstoff bis auf –196 °C abgekühlt.

Nun wurde die Probe im Kühlmittel erneut gebrochen. Die so vorbehandelten Proben wurden anschließend gefriergetrocknet.
Unter **Gefriertrocknug** wird der Entzug mikrokristallin erstarrten Wassers aus gefrorenem Material verstanden.

Die Trocknung erfolgte unter Umgehung des flüssigen Aggregatzustandes durch Sublimation. Die Sublimation geschieht im Vakuum, wobei in der eingebrachten Probe Temperaturen unter −10 °C herrschen müssen.

Entsprechend der Größe und der Form der Proben sowie der Masse an freiem und gebundenem Wasser, wie auch dem Verhältnis zwischen Frisch– und Trockenmasse mußten die Proben mindestens 24 Stunden in der Anlage verbleiben.

Die Gefriertrocknung umfaßte:

- die initiale Trocknungsphase mit Sublimation an der
  Probenoberfläche bei ca. −75 °C und
- die Haupttrocknungsphase bei einer Temperatur von ca. −20 °C.

Nach der Gefriertrocknung wurde die Probe – nach wie vor unter Vakuum – langsam auf die Umgebungstemperatur erwärmt.

Die Druckerhöhung im Gefriertrockner auf den Umgebungsdruck mußte über mehrere Stunden erfolgen, um Strukturveränderungen der Probe durch eine plötzliche Druckbelastung auszuschließen. Nach der Gefriertrocknung wurde die Probe mit dem Spezialklebestoff Leit–C auf Al–Teller geklebt und 24 Stunden lang in einem Exsikkator getrocknet. Anschließend erfolgte die Goldbedampfung der Probe; danach wurde die Untersuchung mit Hilfe des Rasterelektronenmikroskops durchgeführt.

4.5.2.4. Dünnschliffanalysen

Dünnschliffe müssen grundsätzlich besonders sorgfältig präpariert werden, damit es keine Verfälschung der Porenraumverhältnisse und damit gravierende Fehler bei der Analyse gibt.

Zur Vorbereitung werden aus den betreffenden Proben Schliffklötzchen gesägt und anschließend oberflächenbehandelt. Nachdem eine genügend glatte Oberfläche geschaffen worden ist, wird das Probenstück mit speziellen Mitteln (Arochlor, Kanadabalsam) auf den Objektträger geklebt.

Danach wird erneut gesägt und die zweite Seite geschliffen; abschließend wird das Deckglas mit demselben Kleber befestigt. Die Dicke der Dünnschliffpräparate liegt bei 25 µm.

Um ein Zerbrechen während das Arbeitsvorganges zu verhindern, müssen besonders poröse Gesteine mit Kunstharz imprägniert werden. Dies geschieht auch speziell bei Porenraumuntersuchungen, wobei ein zum Gestein kontrastierendes, blaues Harz verwendet wird.

Zu Untersuchungen an den geschädigten Kernen wurden die jeweils 25 cm–langen Proben gefünftelt, jedes Teilstück halbiert und danach bei 60 °C getrocknet.

Die nachfolgende Imprägnation mit dem blauen Spezialharz erfolgte im Vakuum zur Vereidung von Bläschenbildung. Anschließend wurden die Dünnschliffe hergestellt, die mit dem Polarisationsmikroskop (Anl. 25) auf die Kontamination durch Feststoffe und/oder Polymere untersucht werden konnten.

Auch der Filterkuchen läßt sich im Dünnschliff identifizieren und auswerten.

4.5.2.5. Chemische Analyse

Das die Gesteinskerne durchflutete Filtrat kann mit Hilfe der Atomabsorptionsspektrometrie AAS (Anl. 28) auf Ionenkonzentrationen, gegebenenfalls auch bestimmte Tracerionen, analysiert werden. Im Rahmen der durchgeführten Untersuchungen dienten Na^+ als Tracer zur Ermittlung der Menge an Spülungsfiltrat und K^+ als Spurenelement zur Bestimmung des ausgetriebenen Volumens an Lagerstättenwasser.

4.5.3. Sonstige Untersuchungen

Weiterhin wird, um die Partikelgröße von Mikrosöhl, Texkreide, Calcidar 40, DS–20 und Bohrklein des Bentheimer Sandsteins zu bestimmen, der sog. EASY Particle Sizer 3600 E der Firma Malvern Instruments verwendet.

5. Diskussion der Ergebnisse

Um diesen Abschnitt übersichtlich zu gestalten, sollen die erarbeiteten Ergebnisse unter folgenden Überschriften diskutiert werden:

- Einfluß der Salinität und des pH–Wertes des Flutwassers auf die Durchlässigkeit der Kernproben,
- Schädigung untersuchter Kernproben durch Bohrspülungen,
- Schädigung der Kernproben durch Frac– und Gravel–Trägerflüssigkeiten,
- Änderung der Höhe des Schädigungsgrades der Kernproben bei Rückförderversuchen sowie
- Änderung der Permeabilität untersuchter Kernproben durch Säurebehandlung.

5.1. Einfluß der Salinität und des pH–Wertes des Flutwassers auf die Durchlässigkeit der Kernproben

Um den Grad der Schädigung von Kernproben zu ermitteln, werden Permeabilitätsmessungen durchgeführt; hierzu können gasförmige oder flüssige Medien eingesetzt werden.

Beim Einsatz von Flüssigkeiten als Meßmedium spielt die Fluidzusammensetzung eine entscheidende Rolle, um reproduzierbare Ergebnisse zu erzielen. Da die eingesetzten Bentheimer und Obernkirchner Sandsteine auch tonige Bestandteile enthalten (s. Tabelle 1), mußte der Einfluß der Salinität und des pH–Wertes der Meßflüssigkeiten auf die Permeabilitätsänderung der untersuchten Sandsteine bestimmt werden. Die Anlagen 29 und 30 zeigen die Änderung der Permeabilität untersuchter Kerne in Abhängigkeit der KCl–Konzentration der Meßflüssigkeit.

Es ist ersichtlich, daß die Permeabilität der Kernprobe mit zunehmender KC1–Konzentration der Meßflüssigkeit steigt. Beim Bentheimer Sandstein bleibt die Permeabilität ab einer KC1–Konzentration von 1,5 Gew.–% konstant, während sie beim Obernkirchner Sandstein geringfügig abnimmt. Wenn Lösungen abnehmender KC1–Konzentration zur Messung der Permeabilität dieser Sandstein eingesetzt wurden, nahm die Permeabilität des Kernes bei KC1–Konzentration kleiner als 1,5 Gew.–% rapide ab.

Es ist ferner von Bedeutung, daß die mit Lösungen abnehmender KC1–Konzentration gemessen Permeabilitätswerte insbesondere beim Bentheimer Sandstein, erheblich höher sind als die Permeabilitätswerte, die mit Lösungen steigender KC1–Konzentration gemessen werden konnten. Wie bereits unter Punkt 4.5.2 dargelegt wurde, führen Salzlösungen zu einem Abbau der Hydrathülle der am Aufbau des Gesteins beteiligten Tone. Die abnehmende Dicke der Hydrathülle führt zu einer teilweisen Freigabe der Querschnitte der Porenkanäle, so daß höhere Permeabilitätswerte gemessen werden können. Wird die Salzkonzentration der Meßflüssigkeit weiter erhöht, so kann an der Basisfläche der Teilchen ein Kationenaustausch erfolgen. Beispielsweise entsteht aus Na–Montmorillonit durch Behandlung mit einer KC1–Lösung ein K–Montmorillonit, der erheblich weniger ergiebig ist. Nach /5/ sind die höheren Permeabilitätswerte beim Einsatz von Meßflüssigkeiten abnehmender Salzkonzentration darin begründet, daß die zunächst eingesetzten Lösungen höherer Salzkonzentration zu einem Kationenaustausch an den Basisflächen der Teilchen führen. Da der K–Montmorillonit erheblich weniger quellfähig ist als der Na–Montmorillonit, werden in dem höheren Konzentrationbereich erheblich schmalere Hydrathüllen der Tonteilchen realisiert, so daß bedeutend höhere Permeabilitätswerte gemessen werden können.

Inwieweit der Kationenaustausch und des Konzentrationsgefälle an der Änderung der gemessenen Permeabilitätswerte beteiligt sind, wird durch die Anlagen 31–33 dokumentiert.

Anlage 31 ist zu entnehmen, daß die Durchflutung einer mit 3 Gew. –%iger NaCl–Lösung getränkten Kernprobe mit einer NaCl–Lösung gleicher Konzentration (unverändertes Konzentrationsgefälle, kein Kationenaustausch) keine Veränderung der Permeabilitätswerte bewirkt. Durchflutet man anschließend mit deionisiertem Wasser, so nimmt der Hydratationsgrad der Tone infolge des zunehmenden Konzentartionsgefälles zu, wobei durch Querschnittsverengung der Porenkanäle die Permeabilitätswerte rapide abnehmen. Ist die Kernprobe mit Lösungen zweiwertiger Salze getränkt, so bewirkt die Durchflutung mit deionisiertem Wasser trotz zunehmenden Konzentrationsgefälles keine Veränderung der Permeabilitätswerte (vgl. Anl. 32). Durchflutet man anschließend mit einer 3 Gew. –%igen NaCl–Lösung, so erfolgt ein Kationenaustausch (Ca–Montmorillonit wandelt sich in Na– Montmorillonit um), so daß die anschließende Durchflutung mit deionisiertem Wasser zu einem gravierenden Permeabilitätsverlust führt.

Wie die Anlage 34 zeigt, hat die Spontanität der Konzentrationsänderung einer Salzlösung entscheidenden Einfluß auf den Grad der Schädigung der durchfluteten Kernprobe. Während eine allmähliche Salinitätsabsenkung keine Permeabilitätsabnahme verursacht, bewirkt eine spontane Salinitätsabnahme von 1,5 Gew. –% KC1 auf 0,1 Gew. –% eine gravierende Permeabilitätsabnahme (Erhöhung des DR–Wertes von Null auf über 80%). Bei allmählicher Salinitätsabsenkung ist der Anfall der dispergierten Tonteilchen aus der Porenwandung in der Transportflüssigkeit minimal, so daß eine Permeabilitätsabnahme durch Brückenbildung an Engstellen der Porenkanäle ausgeschlossen werden kann. Bei der spontanen Salinitätsabnahme lösen sich zeitgleich sehr viele Tonteilchen aus der Porenwandung, so daß bei ihrem Weitertransport die Engstellen der Porenkanäle überbrückt werden können; die Permeabilität der Kernprobe sinkt darauf hin deutlich.

Anlage 35 zeigt den Grad der Schädigung (DR) in Abhängigkeit des pH–Wertes einer Süßwasser–Bentonitspülung. Es ersichtlich, daß mit zunehmenden pH–Wertes der Grad der Schädigung zunimmt.

Höhere pH–Wertes führen einerseits zur verstärkten Hydratation der in der Spülung dispergierten Tone. Andererseits bewirkt der höhere pH–Wertes des Filtrates dieser Spülung einen erhöhten Hydratationsgrad der tonigen Bestandteile des durchteuften Gesteins. Durch eine effektivere Überbrückung der Porenöffnungen (Zunahme des Hydratationsgrades der Tone in der Spülung) und durch Querschnittsverengung der Porenkanäle des Gesteins durch die verstärkte Hydratation seiner Bestandteile nimmt die Permeabilität der Probe bei höheren pH–Werten ab.

In Anlage 36 sind die Änderungen der Permeabilität einer mit 1,5 Gew. –%iger KC1– Lösung getränkten Kernprobe aus Bentheimer Sandstein in Abhängigkeit der Art und Menge des Flutmediums dargestellt. Es ist ersichtlich, daß beim Durchfluten mit einer 1,5 Gew. –%iger KC1–Lösung selbst nach 20 PV sich die Permeabilität der Probe nicht verändert hat. Bei anschließendem Durchfluten mit Leitungswasser geht die Permeabilität nach weiteren 20 PV auf ein Minimum von 0,5 µm^2 (D) zurück.

In Anlage 37 sind die Änderungen des pH–Wertes des Filtrates bei abnehmendem Kaliumgehalt dargestellt.

Im Hinblick auf die im Rahmen dieser Arbeit durchzuführenden Untersuchungen des Grades der Trägerschädigung und des Sectional Damage Ratio kann aus den in diesem Abschnitt dargelegten Untersuchungsergebnissen abgeleitet werden, daß die Permeabilitätsmessungen mit flüssigen Medium unter definierten Bedingungen durchgeführt werden müssen, um reproduzierbare Werte zu erhalten. Folgende Randbedingungen sind im einzelnen einzuhalten:

a) Die Kernproben sind mit 1,5 Gew. –%iger KCl–Lösung zu sättigen
b) Zur Messung der Permeabilität der Kernproben soll eine 1,5 Gew. –%iger KC1– Lösung als Meßmedium eingesetzt werden
c) Spontane Salinitätsänderungen im Porenraum sind auszuschließen
d) pH–Wertes–Änderungen müssen vermieden werden.

5.2. Schädigung untersuchter Kernproben durch Bohrspülungen

In den Anlagen 38–43 sind die Untersuchungsergebnisse im Hinblick auf die Schädigung der Bentheimer Sandsteinkerne durch DHT– und Bentonitspülungen dargestellt. Dabei wurde auf eine Wiedergabe von DR–Werten (vergl. Punkt 2.1.2.1) bewußt verzichtet. Der Grund besteht darin, daß die Permeabilität des nicht segmentierten, geschädigten Kernes hauptsächlich von der Intensität der Schädigung im ersten Abschnitt des Kernes bestimmt wird. Somit sind die jeweils für die ersten Kernsegmente ermittelten SDR–Werte identisch mit den DR–Werten, so daß auf die Darstellung der zuletzt genannten Kenngröße ohne Verlust an Informationen verzichtet werden kann.

In Anlage 38 sind die, bei einer Zirkulationstemperatur von 90 °C, einem Differenzdruck von 3,5 Mpa und einer Zirkulationsgeschwindigkeit von 0,6 m/s über eine Zirkulationsdauer von 1 Stunde, durch DHT– bzw. Bentonitspülungen verursachten Schädigungen dargestellt. Es ist ersichtlich, daß eine 4 Gew. –% Bentonitsuspension den untersuchten Kern am Wenigsten schädigt. Die SDR–Werte gehen von 80% im ersten Segment bis auf ca. 25% im letzten Segment zurück. Wird der Kern mit einer mit Hostadrill 2825 behandelten Bentonitspülungen belastet, so steigt der Grad der Schädigung im ersten Segment auf fast 100% an, was eine bessere Abdichtung des durch diese Spülung erzeugten äußeren Filterkuchens hindeutet. Die verbesserte Abdichtung des Filterkuchens ist drauf zurückzuführen, daß die langkettigen Hostadrill–Moleküle die Zwischenräume zwischen den Teilchen im Kuchenverband schließen; somit wird die Permeabilität des Kernsegmentes weiter reduziert. Nachteilig dabei ist jedoch, daß die in der "mud spurt phase" in das Gestein hineingeschwemmten Polymerfadenmoleküle bei fortschreitender Filtration weiter in das Gestein hineingetragen werden, so daß durch Blockierung der Porenengstellen durch diese Polymere die SDR–Werte entsprechender Segmente ansteigen (vgl. Anl. 79 und 80).

Die Behandlung der Bentonitspülung mit den Kurzkettigen Polydrill–Fadenmolekülen führt dazu, daß der SDR–Werte des ersten Segmentes auf 60% zurückgeht, während die SDR–Werte der nachfolgenden Segmente identisch sind mit denen nach der Schädigung durch die Bentonit–Hostadrill–Spülung.

Die Schädigung des Kernes durch DHT–Spülungen (vgl. Anl. 38) führt – gleichgültig, ob reine DHT–oder mit Polymeren behandelte DHT–Spülungen – zu einer vollständigen Schädigung des gesamten Kernes (SDR=90%). Der Grund ist darin zu sehen, daß die DHT–Blättchen im Gegensatz zu Bentonit leicht deformierbar sind /147/. Unter entsprechenden Differenzdrücken werden die DHT–Blättchen durch die relativ großen Porenöffnungen des Bentheimer Sandsteins gedrückt und durch die Porenkanäle weitertransportiert (vgl. Anl. 81–83). Ein abdichtender, äußerer Filterkuchen fehlt. Der Weitertransport sowohl der DHT–Blättchen als auch der Polymerfadenmoleküle bewirkt eine Überbrückung der Engstellen der Porenkanäle in den jeweiligen Kernsegmenten, so daß ihre SDR–Werte steigen.

In Anlage 39 ist der Einfluß einer Elektrolytbelastung von DHT–bzw. Bentonitspülungen auf die Höhe der Schädigung des untersuchten Bentheimer Sandsteins dargestellt. Durch die Belastung dieser Bohrspülungen mit $CaCl_2$ werden die Tonteilchen wie auch die Polymere stark dehydratisiert. Durch die Trennung der Bindungen zwischen den Tonteilchen und Polymerfadenmolekülen und durch Koagulation der Tonteilchen werden größere Agglomerate gebildet, die die Porenöffnungen des zu untersuchenden Bentheimer Sandsteins besser überbrücken. Folglich steigt der SDR–Wert im ersten Segment. Die teilweise Dehydratisierung der Polymerfadenmoleküle führt dazu, daß bei ihrem Weitertransport die Verstopfung der Porenkanäle des Gesteins in den einzelnen Segmenten unvollständig bleibt, so daß ihre SDR–Werte stark abnehmen (vgl. Anl. 84 und 85). Aus Anlage 39 ist ersichtlich, daß der SDR–Werte bei einer mit $CaCl_2$ belasteten Bentonitpolydrill–Spülung von 80% im ersten Segment auf rund 20% im letzten Segment zurückgeht.

In Anlage 40 sind die SDR–Werte der Kernproben aus Bentheimer Sandstein, die durch Bohrlspülungen, die 120 Stunden lang einer Temperaturbelastung von 90 °C ausgesetzt worden waren, dargestellt. Es ist ersichtlich, daß die SDR–Werte bei Schädigung des Kernes durch DHT–Spülungen höher sind als bei Bentonitspülungen. Die Ursachen der Schädigung der untersuchten Sandsteinkerne sind hier die gleichen, wie sie im Zusammenhang mit den in Anlage 39 dargestellten Ergebnissen beschrieben wurden. Im vorliegenden Fall sind jedoch die Auswirkungen bedingt durch die Temperaturdauerbelastung der Spülung gravierender.

In Anlage 41 sind die SDR–Werte nach Belastung der Kernprobe mit DHT– und Bentonitspülungen, die als Polymere sowohl PAC als auch Polydrill bzw. Hostadrill enthalten, dargestellt. Es ist auch hier ersichtlich, daß die SDR–Werte bei Schädigung des Kernes durch Bentonitspülungen in Abhängigkeit der Eindringtiefe der Schädigung rapide abnehmen, während diese bei Belastung des Kernes mit DHT–Spülungen vom ersten bis zum letzten Segment über 90% liegen.

Die Verbesserung der Spülungseigenschaften im Hinblick auf Trägerschonung durch Zusatz von Mikrosöhl kann an Hand der in Anlage 42 dargestellten Versuchsergebnisse verdeutlicht werden. Während der SDR–Werte bei Belastung des Kernes mit Bentonitspülung durch Zusatz von Mikrosöhl bis auf weniger als 10% im letzten Segment abnimmt, erfolgt auch bei DHT–Spülungen eine deutliche Reduzierung der SDR–Werte. Das ist darauf zurückzuführen, daß in Kombination mit Mikrosöhl auch die DHT–Spülungen eine effektivere Überbrückung der Porenöffnungen des Gesteins bewirkt, so daß der weitere Feststofftransport in den Porenkanälen des Gesteins eingeschränkt wird (vgl. Anl. 86 und 87). Die in der "mud spurt phase" in die Porenkanäle eingedrungenen Polymer- und DHT-Blättchen werden jedoch durch das Filtrat weitertransportiert, so daß sich an Engstellen der Porenkanäle festsetzen und dort eine Permeabilitätsbarriere verursachen.

Der überhöhte SDR–Wert im letzten Kernsegment deutet auf eine Anhäufung der DHT-Blättchen sowie der Polymere hin. Diese Vermutung wird durch eine REM–Aufnahme bestätigt (vgl. Anl.81). In Anlage 43 sind die SDR–Werte bei Belastung des Kernes mit Bentonit– und DHT–Spülungen mit oder ohne Temperaturvorbelastung bzw. mit oder ohne Elektrolytzugabe, dargestellt.

Es ist ersichtlich, daß die Schädigung des Kernes bei einer Temperaturvorbelastung der eingesetzten Spülung geringer ist als bei einer Belastung der Spülung mit $CaCl_2$. Während beispielsweise bei Schädigung des Kernes durch eine temperaturvorbelastete Bentonitspülungen die SDR–Werte von anfänglich 55% bis auf ca. 10% im letzten Segment abnehmen, liegen sie bei einer Schädigung durch $CaCl_2$–kontaminierte Spülungen über die gesamte Kernlänge oberhalb von 30%.

Die in Anlage 44 wiedergegebenen Rezepturen stellen nach Firmenangaben trägerschonende Spülungen dar. Diese Spülungen wurden im Hinblick auf Trägerschädigung untersucht. Die Ergebnisse sind in den Anlagen 45–51 dargestellt. Es ist ersichtlich, daß unter den Spülungen Nr. 1–15 die Spülungen Nr. 10 und Nr. 11 den Träger am wenigsten schädigen (vgl. Anl. 47). Es sind tonfreie Spülungen, die als Polymere XC und HEC enthalten und als Feststoffe Texkreide. Spülung Nr. 10 enthält noch Gips, während Spülung Nr. 11 Kaliumacetat zugesetzt wurde.

Das schlechteste Ergebnis wurde mit Fluid Nr. 1, einer Tonpolymerspülung, die mit K–Acetat behandelt worden war, erzielt. Das SDR geht hier von anfänglich 75% auf nur ca. 55% im letzten Segment zurück. Offensichtlich reicht die niedrige Tonkonzentration dieser Spülung nicht aus, die groben Porenöffnungen des Bentheimer Sandsteins schnell zu überbrücken, so daß die in der "mud spurt phase" in das Gestein hineingeschwemmten Feststoffe und Polymere beim Weitertransport durch das nachfolgende Filtrat zur Abnahme der Permeabilität des Kernes in allen Segmenten führen.

Das mit Abstand beste Ergebnis wurde mit dem Fluid Nr. 16 erzielt (Anl. 51). Hier geht der SDR–Wert von anfänglich ca. 50% bereits im ersten Segment auf ca. 2% zurück.

Im letzten Segment ist der Kern nicht geschädigt. Hinsichtlich dieses guten Ergebnisses wurden mit diesr tonfreien Spülung weitere Untersuchungen vorgenommen (vgl. Anl. 50 und 51). Es ist ersichtlich, daß sowohl bei mit KC1–Lösung gesättigten Kernen als auch bei ölgesättigten Kernen die Schädigung minimal ist. Es ist ferner festzustellen, daß die Veränderung der Sättigungsverhältnisse im Porenraum zu einer Erhöhung der SDR–Werte im untersuchten Gestein führt (vgl. die Anl. 51 dargestellte Kurve für den ölgesättigten Kern mit der des KC1–gesättigten Kernes). Der Anlage 51 ist ferner zu entnehme, daß eine Belastung dieser tonfreien Spülung von 120 Stunden unter einer Temperatur von 90°C zu einer geringfügigen Erhöhung der SDR–Werte längs des Kernes führt.

Die Fluide Nr. 1, 5, 6, 10 und 14 wurden nach einer Belastung von 120 Stunden unter einer Temperatur von 90 °C im Hinblick auf die Schädigung der Bentheimer Sandsteinkerne weiter untersucht; die Ergebnisse sind in Anlage 49 dargestellt. Nach dieser Darstellung wurden die besten Ergebnisse mit dem Fluid Nr. 10, einer tonfreien Bohrspülung, die als Feststoff Texkreide und als Salz Gips enthält, erreicht. Es ist zu sehen, daß der SDR–Wert bereits im vierten Segment bis auf Null zurückgegangen ist.

In den Anlagen 52–54 sind die SDR–Werte in Abhängigkeit des Differenzdruckes dargestellt. Dabei wurden bei Eingangsdrücken von 2 bzw. 1 Mpa die Gegendrücke ausgangseitig so eingestellt, daß ein Differenzdruck von jeweils 1 Mpa bzw. Null realisiert wurde. Der Anlage 52 ist zu entnehmen, daß bei einem Differenzdruck von 1 Mpa die SDR–Werte längs des Kernes bei 70% liegen. Bei einem Zirkulationsdruck von 2 Mpa ist der SDR–Wert im ersten Kernsegment höher als der SDR–Wert bei einem Zirkulationsdruck von 1 Mpa. Dies deutet darauf hin, daß höhere Zirkulationsdrücke zu einer Kompaktion des Filterkuchens führen, so daß die Durchlässigkeit des ersten Kernsegments entsprechend abnimmt. Diese Tendenz wird auch durch die Anlagen 53 und 54 bestätigt. Aus diesen Anlagen ist ersichtlich, daß bei einem Zirkulationsdruck von 2 Mpa der SDR–Wert bereits im vierten bzw. fünften Segment gegen Null geht.

Hier kann nur vermutet werden, das bedingt durch die erhöhte Kompaktion des Filterkuchens das Einschwemmen von Feststoffen in das Gestein auf ein Mindestmaß beschränkt wird, so daß die letzten Segmente davon unbeeinflußt bleiben.

Aus diesen drei Anlagen ist ersichtlich, daß auch unter einem Differenzdruck von Null in den ersten Segmenten eine Schädigung der Probe vorliegt. Der Grund besteht darin, daß, wie unter Punkt 2.1.1 erwähnt, als treibende Kräfte der Filtration neben dem Differenzdruck auch der osmotische− / und der Kapillardruck wirksam sind. Wird, wie aus Anlage 54 ersichtlich, der osmotische Druck ausgeschaltet, so sind die SDR−Werte bedeutend niedriger. Die Eindringtiefe der Schädigung ist in diesem Fall auf das erste Segment beschränkt.

In Anlage 55 ist die Abhängigkeit des Grades der Schädigung bei Kernproben aus Bentheimer Sandsteins von der Zirkulationsdauer der eingesetzten Spülungen wiedergegeben. Der Anlage ist zu entnehmen, daß der DR−Wert mit der Zirkulationsdauer steigt und nach 7 Stunden etwa 100% erreicht.

Die zunehmenden DR−Werte sind hauptsächlich darauf zurückzuführen, daß bei Verdrängung der einwertigen K−Ionen aus dem Porenraum durch das Filtrat süßwasserbasischer Spülungen der Hydratationsgrad toniger Bestandteile des Gesteins zunimmt, so daß die effektiven Porenquerschnitte verkleinert werden.

In Anlage 56 ist der Grad Schädigung von Bentheimer Kernproben in Abhängigkeit der Tonkonzentration in Bohrspülungen, mit denen Kerne geschädigt wurden, wiedergegeben. Es ist ersichtlich, daß bei einer DHT−konzentration bis zu 2 Gew. −% und einer Bentonit− Konzentration von 3 Gew. −% die DR−Werteabnehmen. Während die Erhöhung der Bentonit−Konzentration in der Bohrspülung zu einer schnelleren Überbrückung der Porenöffnungen des Gesteins und zur Bildung eines dichteren Filterkuchens führt, erfolgt die Abnahme der Schädigung bei Erhöhung der DHT−Konzentration durch die Intensität ihrer Vergelungsneigung.

Die Ergebnisse der Untersuchungen des Grades der Schädigung bei Obernkirchner Sandsteinproben durch Belastung mit verschiedenen Bohrspülungen sind in den Anlagen 57–62 dargestellt. Aus Anlage 57 ist ersichtlich daß die SDR–Werte von anfänglich über 70% bis auf weniger als 30% im letzten Segment abfallen. Diese Tendenz, die bei Kernproben aus Bentheimer Sandstein nicht festgestellt werden konnte, muß darauf zurückgeführt werden, daß sich die deformierbaren DHT–Blättchen – wie das auch bei Polymeren der Fall ist – beim Weitertransport durch das Filtrat an den Engstellen der ohnehin engen Porenkanäle des Obernkirchner Sandsteins festsetzen und somit zur Abdichtung der entsprechenden Segmente führen. Die dadurch bedingte Einschränkung des Weitertransportes der DHT–Blättchen verursacht noch niedrigere SDR–Werte in den nachfolgenden Segmenten. Dieser Anlage ist ferner zu entnehmen, daß unter sonst gleichen Bedingungen höhere Differenzdrücke zu erhöter Schädigung führen.

Die in Anlage 58 dargestellten Ergebnisse unterstreichen die im Hinblick auf Anlage 57 gemachten Aussagen. Der Anlage 58 ist zusätzlich zu entnehmen, daß eine höhere Temperaturbelastung der eingesetzten DHT–Spülung dazu führt, daß unter höheren Differenzdrücke (2,2 bzw. 3,5 MPa) die untersuchte Kernprobe auch in den letzten Segment stark geschädigt ist. Dies deutet darauf hin, daß durch eine Dehydration sowie Delaminierung /147/ der DHT–Teilchen durch erhöhte Temperaturbelastung, die Möglichkeit geschaffen wird, daß die DHT–Blättchen unter hohen Differenzdrücke auch durch enge Kapillaren weitertransportiert werden können, so daß auch die letzten Segmente der untersuchten Proben durch die Verstopfung der Porenengstellen erheblich geschädigt werden. Die hier gemachten Aussagen können durch REM–Aufnahmen und Dünnschliffanalysen belegt werden. Die Anlagen 88–92 zeigen REM–Aufnahmen der Segmente Nr. 1, 3 und 5. Es ist ersichtlich, daß auch im letzten Segment der Kernprobe noch DHT–Blättchen im Porenraum des Gesteins nachweisbar sind.

In Anlage 59 sind die SDR-Werte von Kernproben aus Obernkirchner Sandstein nach wechselnder, dynamischer und statischer Filtration dargestellt. Dabei wurde abwechselnd jeweils insgesamt zwei Stunden dynamisch und zwei Stunden statisch filtriert. Es ist ersichtlich, das die SDR-Werte bei DHT-Spülungen, denen Hostadrill zugesetzt wurde, niedriger sind, als bei reinen DHT-Spülungen.

In Anlage 60 sind die SDR-Werte für Kernproben aus Obernkirchner Sandstein dargestellt, die mit DHT-Spülungen unterschiedlicher Zusammensetzung und einer 120-stündigen, thermischen Vorbelastung bei 90 °C, geschädigt worden waren. Es ist ersichtlich, daß durch die Schutzwirkung von Hostadrill 2825 die Schädigung des Kernes stark reduziert wird.

In Anlage 61 sind SDR-Werte miteinander verglichen, die nach Schädigung durch DHT-Spülungen unterschiedlicher Zusammensetzung und verschiedener Elektrolytbelastung gemessen wurden. In dieser Anlage fällt besonders auf, daß die SDR-Werte bei Schädigung durch eine DHT-Spülung, die mit 6 Gew. -% $CaCl_2$ belastet worden war, in Abhängigkeit der Segmentposition stark abnehmen. Das ist darin begründet, daß bei dieser starken Elektrolytbelastung die Hydrathüllen der DHT-Blättchen durch zweiwertige Kationen weitestgehend abgebaut werden, so daß eine Fläche zu Fläche Anlagerung (F-F) der Tonteilchen resultiert (Koagulation). Die koagulierten Tonpakete sind nicht mehr so deformierbar, wie das bei vollhydratisierten DHT-Blättchen der Fall war. Aus diesem Grunde ist ein Weitertransport in die Porenkanäle des Gesteins nicht mehr möglich, so das die SDR-Werte in entsprechenden Kernsegmenten stark abfallen.

In Hinblick auf den Einfluß des Differenzdruckes und der Höhe des Zirkulationsdruckes auf die Schädigung untersuchter Kernproben aus Obernkirchner Sandstein (Anl. 62) kann auf die Erläuterungen, die bei entsprechenden Untersuchungen am Bentheimer Sandstein gegeben wurden (s. Punkt 5.2, Anl 52), verwiesen werden.

5.3. Schädigung der Kernproben durch Frac- und Gravel-Trägerflüssigkeiten

Die Untersuchungen der Höhe der Schädigung durch Gravel-Träger und Frac-Flüssigkeiten, deren Rezepturen nach Firmenangaben vorgegeben waren, erfolgte überwiegend an Kernproben aus Obernkirchner Sandstein. Im Hinblick auf die Schädigung des Bentheimer Sandsteines sind exemplarisch die mit "Hydropac" erzielten Untersuchungsergebnisse an Anlage 63 dargestellt.

Dieser Anlage ist der Einfluß der Temperaturbelastung der Gravel-Trägerflüssigkeit und der Art des zugesetzten Breakers auf die Höhe der verursachten Schädigung zu entnehmen. Es ist ersichtlich, das bei der Gravel-Trägerflüssigkeiten ohne Breaker-Zusatz die SDR-Werte in Abhängigkeit von der Segmentposition abnehmen und im letzten Segment fast gegen Null streben. Dieser Kurvenverlauf deutet darauf hin, daß im ersten Segment die Porenöffnungen des Gesteines durch die Komponenten dieser Gravel-Trägerflüssigkeiten teilweise überbrückt worden sind, so daß dieses Segment den höchsten Grad der Schädigung aufweist (vgl. Anl. 93).

Durch eine teilweise Überbrückung der Porenöffnungen im ersten Segment wird der Weitertransport der Flüssigkeitskomponenten erschwert, so daß mit zunehmenden Abstand von der Kernstirnseite der Schädigungsgrad rapide abnimmt. Wenn die Trägerflüssigkeit mit Breaker behandelt worden ist, so erfolgt in Abhängigkeit der Wirkungsdauer des Breakers eine Dehydratisierung, insbesondere der Polymere der Trägerflüssigkeit, womit ein starker Volumenverlust einhergeht. Die durch Breakereinwirkung verkleinerten Polymere können die Porenöffnungen des Gesteins nur schwer überbrücken, so daß der Grad der Schädigung im ersten Segment zurückgeht (vgl. Anl. 94). Die Breakereinwirkung führt einerseits dazu, daß die verkleinerten Polymere weiter in den Kern transportiert werden können, so daß im Vergleich zu der Schädigung durch eine Trägerflüssigkeit ohne Breaker-Zusatz, hier die SDR-Werte in den nachfolgenden Segmenten steigen (vgl. Anl. 95).

Eine Temperaturbelastung der Trägerflüssigkeit führt zu einer zusätzlichen Zerstörung ihrer Komponenten. Das Ergebnis ist im Hinblick auf die SDR–Werte entsprechend.

In den Anlagen 63–67 sind die mit Obernkirchner Sandsteinproben erzielten Untersuchungsergebnisse wiedergegeben. In den Anlagen 64 und 65 sind die SDR–Werte bei Behandlung der Kernproben mit der Frac–Flüssigkeiten "Versagel" dargestellt.

Im Hinblick auf die Untersuchungsbedingungen unterscheiden sich die in Anlage 64 und 65 dargestellten Ergebnisse in der Höhe des Differenzdruckes. Aus Anlage 64 ist ersichtlich, daß durch Zusatz von Breakern zu der untersuchten Frac–Flüssigkeit die SDR–Werte längs der Kernprobe abnehmen. Die Gründe der Abnahme der SDR-Werte wurden bereits in Zusammenhang mit Anlage 63 dargelegt.

Ein Vergleich zwischen den Anlagen 64 und 65 deutet daraufhin, daß höhere Differenzdrücke zu einer geringfügigen Erhöhung der SDR–Werte längs des Kernes führen.

In den Anlagen 66 und 67 sind die SDR–Werte bei Schädigung der Kernproben aus Obernkirchner Sandstein mit "MY–T–Oil" als Frac–Flüssigkeit dargestellt. Bei dieser Frac–Flüssigkeiten wird die Aufgabe des Breakers durch Einstellung entsprechender pH–Werte übernommen. Der Anlage 66 ist zu entnehmen, daß der pH-Wert des Meßmediums einen entscheidenden Einfluß auf die Höhe der SDR–Werte besitzt. Es ist festzuhalten, daß der Grad der Schädigung durch "MY–T–Oil" relativ niedrig ist. Die SDR–Werte nehmen von anfänglich 40% bis fast Null im letzten Segment ab. Höhere Differenzdrücke (vgl. Anl. 67) führen zur Erhöhung der SDR–Werte in den ersten Segmenten. Der SDR-Wert im letzten Segment beträgt jedoch auch in diesem Fall Null.

5.4. Änderung der Höhe des Schädigungsgrades der Kernproben bei Rückförderversuchen

Eine Auswahl der geschädigten Kernproben aus Bentheimer Sandstein wurde durch Rückförderversuche weiter untersucht.

Durch diese Untersuchungen sollte geklärt werden, inwieweit durch Umkehrung der Strömungsrichtung die in das Gestein eingeschwemmten Feststoffe zurückgefördert werden können, so daß der Grad der Schädigung der Kernproben abnimmt. Die Ergebnisse dieser Untersuchungen sind in den Anlagen 68–73 wiedergegeben.

Im folgenden werden die in den Anlagen 68 und 69 dargestellten Ergebnisse exemplarisch diskutiert. In Anlage 68 ist der Grad der Schädigung als Funktion der Verdrängungszeit und des Differenzdruckes dargestellt. Es ist ersichtlich, daß der Grad der Schädigung in Abhängigkeit der Verdrängungszeit zunächst generell mehr oder minder stark abnimmt, und nach Durchlaufen eines Minimums konstant bleibt bzw. wieder ansteigt und sich einem Grenzwert nähert. Die Abnahme des Grades der Schädigung ist darin begründet, daß bei Umkehrung der Strömungsrichtung die an Engstellen der Porenkanäle festsitzenden Feststoffe und/oder Polymere mobilisiert und zurückverdrängt werden. Durch Vergrößerung des effektiven Querschnittes der Porenkanäle steigt die Permeabilität der Probe an. Bleiben die gelösten Feststoffe und/oder Polymere in größere Porenräumen, so bleibt die erreichte Permeabilität des Kerns erhalten. Werden die Feststoffe und/oder Polymere weitertransportiert, so daß sich diese an anderer Stelle an Engstellen der Porenkanäle festsetzen können, so nimmt die Permeabilität der Kernprobe erneut ab; der Grad der Schädigung erfährt einen Wiederanstieg. Im Hinblick auf die Erhöhung der Durchlässigkeit untersuchter Kerne ist aus den Anlagen 68–73 ersichtlich, daß unter einem Differenzdruck bis 100 kPa eine Erhöhung der Permeabilität des Kernes (eine Abnahme des Schädigungsgrades) erreicht werden kann, während unter höheren Differenzdrücken ein Wiederanstieg des Schädigungsgrades zu verzeichnen ist. In Anlage 73 sind die Ergebnisse der Rückfördversuche an ölgesättigten Bentheimer Sandsteinkernen dargestellt. Es ist ersichtlich, daß sich der Grad der Schädigung in Abhängigkeit der Verdrängungszeit hier kaum ändert.

Eine mögliche Begründung, weshalb sich der Grad der Schädigung bei ölgesättigten Kernen durch Rückförderversuche nicht bzw. unwesentlich ändert, ist darin zu sehen, daß bei Benetzung der Feststoffe und/oder Polymere mit dem Sättigungsmedium Öl (niedrige Reibungszahl) auch unter niedrigen Differenzdrücken eine Mobillisierung und ein Weitertransport möglich sind, so daß sich diese Feststoffe und/oder Ploymere an anderer Stelle an Engstellen der Porenkanäle festsetzen können, wodurch die Probe nach den Rückförderversuchen wie zuvor undurchlässig ist.

5.5. Änderung der Permeabilität untersuchter Kernproben durch Säurebehandlung

Durch die Säurenung einer Auswahl geschädigter Kernproben aus Bentheimer bzw. Obernkirchner Sandstein sollte geklärt werden, inwieweit der Grad ihrer Schädigung reduziert werden kann. Die Ergebnisse der Säurungsversuche sind in den Anlagen 74-78 dargestellt.

In Anlage 74 ist die Änderung der Permeabilität untersuchter Sandstein wiedergegben. Es ist erkennbar, daß nach Säuren mit HCl die Permeabilität der Probe aus Obernkirchner Sandstein fast auf die Hälfte des ursprünglichen Wertes abnimmt. Für diesen Permeabilitätsrückgang gibt es zwei Gründe:

1. Die austauschbaren Kationen toniger Bestandteile des Sandsteines werden durch Wasserstoffionen ausgetauscht, so daß aus der Änderung des Hydratationsgrades dieser Bestandteile eine Abnahme der Permeabilität der Kernprobe resultiert.

2. Durch Säurung der Gesteinsmatrix werden Feinpartikel aus dem Gesteinsverband gelöst, so daß bei ihrem Weitertransport eine Verstopfung der Porenengstellen denkbar ist.

Die Ergebnisse der Säurungsuntersuchungen am Bentheimer Sandstein sind in den Anlagen 75 und 76 dargestellt. Der Anlage 75 ist zu entnehmen, daß durch Säuren mit HCl die SDR–Werte längs des Kernes abnehmen. Wird eine Mischung von HCl und HF eingesetzt, so ist die Abnahme der SDR–Werte stärker. Wie unter Punkt 2.2.2.3 dargelegt wurde, greift HCl vorwiegend die Alkali und Erdalkalibestandteile der Matrix an. Außerdem erfolgt durch HCl–Behandlung eine Umwandlung der tonigen Bestandteile des Gesteins in H–Tone, die den niedrigsten Hydratationsgrad aufweisen. Die Behnadlung der Matrix mit Flußsäure (HF) führt zur Lösung des SiO_2. Das ist der Grund, weshalb die zusätzliche Behandlung der Proben mit HF zu einer stärkeren Abnahme der Schädigung führt.

Der Anlage 76 ist zu entnehmen, daß die besten Ergebnisse hinsichtlich der Verbesserung der Produktivität des Gesteins durch Säurung von Kernen erzielt wurden, die anfänglich mit einem Fluid, bestehend aus Calcidar, PAC und K–Acetat, geschädigt worden waren. Nach einer Behandlung dieser Kernprobe mit einer Mischung von HCl und HF kann der Kern über die gesamte Länge als nicht geschädigt angesehen werden.

In dan Anlagen 77 und 78 sind die Ergebnisse der Säuerungsuntersuchungen an Kernproben aus Obernkirchner Sandstein dargestellt. Diesen Anlagen ist zu entnehmend, daß bei Behandlung der Proben mit Hcl eine geringfügige Erhöhung der SDR–Werte erfolgt. Die Begründung kann darin gesehen werden, daß die Mobilisierung von feinsten Partikeln durch Säurebehandlung dazu führt, daß ihr Weitertransport die ohnehin engen Porenkanäle diese Gesteins an ihren Engstellen verstopft, so daß die SDR–Werte steigen. Bei Behandlung der Proben mit einer Mischung aus Hcl und HF wird auch SiO_2 gelöst, so daß von einer effektiven Querschnittserweiterung der Porenkanäle ausgegangen werden kann. Folglich nehmen die SDR–Werte ab.

6. Zusammenfassung

Im Rahmen der vorgelegten Arbeit wurden experimentalle Untersuchungen an Kernproben aus Bentheimer und Obernkirchner Sandstein durchgeführt, um den Grad der Schädigung durch Bohrlspülungen, Gravel–Träger– und Frac–Flüssigkeiten bei Zirkulationstemperaturen bis 90 °C, Differenzdrücken bis 6 Mpa und Zirkulationsgeschwindigkeiten bis 1,5 m/s festzustellen. Außerdem sollte der Einfluß einer 120–stündigen Temperatur vorbelastung dieser Fluide aud die Höhe des Grades der Schädigung untersucht werden. Ferner wurden Filtrationszeiten bis 7 Stunden realisiert. Rückförderversuche und die Behandlung von geschädigten Kernen mit Säuren sollten die Frage beantworten, inwieweit die vorhandenen Permeabilitätsbarrieren überwunden werden Können.

Die erzielten Ergebnisse sind im Wesentlichen die folgenden:

1) Die Permeabilität untersuchter Kernproben ist abhängig von der Art des Tränkungs– und Meßmediums. Mit einer 1,5 Gew.–%igen KC1–Lösung als Tränkungs–und Meßflüssigkeit bleibt die ursprüngliche Permeabilität des Kernes am besten erhalten. Während eine allmähliche Salinitätsabsekung in einer mit 1,5 Gew. –%iger KC1–Lösung getränkten Kernprobe keine Permeabilitätsabnahme verursachte, bewirkte eine spontane Absenkung der Salinität von 1,5 Gew. –% auf 0,1 Gew. –% KC1 eine gravierende Reduktion der Permeabilität.

   Die Wertigkeit der in den verwendeten Tränkungsfüssigkeiten eingesetzten Salze hat entscheidenden Einfluß auf die Änderung der Permeabilität untersuchter Kerne nach Behandlung mit anderen Flüssigkeiten.

2) Kernproben, die mit einwertigen Elektrolytlösungen (NaCl) getränkt worden waren, zeigten bei einer anschließenden Durchflutung mit deionisiertem Wasser eine starke Abnahme der Permeabilität. Waren die Kernproben mit Lösungen zweiwertiger Salze getränkt, so bewirkte eine Durchflutung mit deionisiertem Wasser keine Änderung der Permeabilität.

3) Es konte fetsgestellt werden, daß mit steigendem pH–Wert der Tränkungsflüssigkeiten der Grad der Schädigung des Kernes zunimmt.

4) Der SDR–Werte ist im ersten Segment untersuchter Kerne bei Belastung mit einer Bentonitspülung relativ noch; bei Schädigung der Kernproben mit dieser Spülung nehmen die SDR–Werte jedoch in den nachfolgenden Segmenten rapide ab.
Bei Belastung untersuchter Kernproben mit DHT–Spülungen ist der SDR–Werte im ersten Segmet geringfügig niedriger als im Falle einer Belastung mit Bentonitspülungen. Von besonderem Nachteil ist es hierbei jedoch, daß der Kern auch in den nachfolgenden Segmenten genauso hoch geschädigt ist.

5) Die Behandlung von Bohrspülungen mit Polymeren bewirkt eine bessere, abdichtende Wirkung des äußeren Filterkuchens; somit nimmt der SDR–Wert im ersten Kernsegment zu. Der Transport von Polymerfadenmolekülen durch das Filtrat führt jedoch zu einer erhöhten Schädigung der nachfolgenden Kernsegmente.

6) Eine Vorbelastung von DHT–Spülungen mit zweiwertigen Elektrolytlösungen führt zu einer stärkeren Schädigung des Kerns als bei einer 120–stündigen Temperaturvorbelastung unter 90 °C

7) Der Grad der Schädigung untersuchter Kerne nimmt in Äbhängigkeit der Zirkulationstemperatur, der Zirkulationsgeschwindigkeit der Bohrspülungen bzw. der Behandlungsflüssigkeiten und des Differenzdruckes zu.

8) Eine Zugabe von Kreide zu den eingesetzten Bohrspülungen führte zu einem deutlichen Rückgang der Schädigung.

9) Auch unter einem Differenzdruck von Null (balanced drilling) konnten meßbare Schädigungen nachgewiesen werden.

10) Von den untersuchten Behandlungflüsssigkeiten bewirkte "MY–T–Oil" die geringste Schädigung der eingesetyten Kerne.

11) Bei Rückförderversuchen wurde bis zu einem Differenzdruck von 100 kPa eine Abnahme des Schädigungsgrades der Kernproben gemessen, während noch höhere Differenzdrücke zu einem Wiederanstieg des Grades der Schädigung führten.

12) Durch Säuerung der geschädigten Kerne mit einem HCl – /HF – Gemisch ist der Grad Repermeabilität erheblich höher als bei Behandlung der Kerne nur mit Salzsäure.

7. Literaturverzeichnis

/1/ Ghofrani, R. : Aussagefähigkeit der API–Filtratwerte über des Filtrationsverhalten
    Delius, A.   : von Bohrspülungen unter Bohrlochbedingungen
                   EEK–Z. <u>107</u> (1991), 9, S. 361–363.

/2/ Ghofrani, R. : Untersuchungen der dynamischen Filtration der im Bohrbetrieb
                   eingesetzten wasserbasischen Bentonitspülungen und der
                   Möglichkeit einer Abtragung des Filterkuchnes mit Hilfe von
                   Waschflüssigkeiten unter simulierten Bohrlochbedingungen.
                   Dissertation, ITE, TU Clausthal 1975

/3/ Allen, D.   : Invasion Revisited.
    et al.   : Oilfield Review, July 1991, S. 10

/4/ Gray, G. R.   : Composition and Properties of Oil Well Drilling Fluide, 4 Ed., Gulf
    Darly, H. C. H. : Publishing Company, Houston, London, Paris
    Rogers, W. F. : Tokyo 1980, S. 477

/5/ Chilingarian, V. : Drilling and Drilling Fluids, 2. ED.,
    Vorabutr, P.   : Elsevier, Amsterdam, Oxford, New York 1984, S. 331

/6/ Nowak, T. J.   : The effect of Mud Filtrates and Mud Particles upon the Permeability
    Krueger, R. F. : of Cores Drill. & Prod. Prac., API 1951, S. 164–181

/7/ Ghofrani, R. : Spülungstechnik
                   - Skriptum zur Vorlesung -
                   ITE, TU Clausthal, Oktober 1985

/8/ Muecke, T. W. : Formation Fines and Factors Controlling Their Movement in Porous
                    Media. JPt, Feb. 1979, S. 144–150.

/9/ Stanislav, J. P. : Pressure Transient Analysis Handbook, 1. Ed., Prentice Hall
    Kabir, C. S   : Englewood, Cliffs, New Jersey 1990, S. 34–59

/10/ Kuchunk, F. J. : New Skin and Wellbore Storage Type Curves for Partially Well.
     Kirwan, P. A.. : SPE Fomation Evaluation, Dec. 1987, S. 546–554

/11/ Ohen, H. A.. : Predicting Skin Effects Due to Formation Damage by
     Civan, f.   : Fines Migration, SPE 21675, 1991

/12/ Muskat, M. : Physical Principales of Oil Production. McGraw–Hill Book Company, Inc., New York 1949, S. 243

/13/ Glenn, E. E. : Factors Affecting Well Productivity II. Drilling Fluid Particle Invasion
Slusser, M. L.. : into Porous Media.
Trans., AIME 1957, 210, S. 132–139

/14/ Tunn, W. : Stimulationen bei tiefen Gasbohrungen
EEK–Z. 87 (1971), S. 202–208

/15/ Abrams, A.. : Mud Deisign to Minimize Rock Impairment due to Particele Invasion
JPT, May 1977, S. 586–592

/16/ Ghofrani, R. : Damage Caused by Clay–Based and Clay–Free
Mazeel Al- Inhibite Fluids in Sandstone Formation.
Aboudi M. A. : SPE, Feb. 1992, S. 439–445
Sengupta, P. :

/17/ Ghofrani, R. : Entwicklungsstand der Bohrspülungen füh Übertiefe Bohrungen.
Vortrag, Celle, 7.10. 1981

/18/ Ghoftrani, R. : Formation Damage
NAM, Assen / Netherland, 1991

/19/ Allen, F. L.. : Initial Study of Temperature and Pressure Effectts on Formation
Riley, S. M. : Damage by Completion Fluids.
Strassner, J. E. : SPE 12488, 1984

/20/ Azari, M. : Permeabilty Changes from Invasion of
Leimkuhler, J. : Sodium and Potassium – Based Completion Brines in Berea and
Casper Sandstones.
SPE 17149, 1988

/21/ Barna, B. A.. : Permeabilty Damage from drilling Fluid Additives.
Patton, J. T. : SPE 3830, 1972

/22/ Davidson, D. H. : Invasion and Impairment of Formations by Particulates.
SPE 8210, 1979

/23/ Dorsey, D. : Well Completion Technology Preventing Fluid Invasion Damage.
Meyer, R. : Oil & Gas J. No. 50, 93, 81, 1983

/24/ Earl, S. L.. : Use of Chemical Salt Precipitation Inhibitors to Maintain
    Nahm, J. J. : Supersaturated Salt Muds for Drilling Salt Formation.
    SPE 10097, 1981

/25/ Gulbis, J. : Fracturings Fluid Chemistry Drilling and Pumping Journal,
    Schlumberger Cambridge Research, July 1988, S. 4–21

/26/ Plank, J. P. : Visulation of Fluid–Loss Polymer in Drilling Mud Filter Cakes.
    Gossen, F. A. : SPE 19534, 1989

/27 /Hille, M. : Vinylsulfonate /Vinylamide Copolymersin Drilling Fluids for Deep,
    High – Temperature Wells.
    SPE, 13558, 1985

/28/ Hille, M. : Hochtemperaturbeständige Wasserbasische Bohrspülungen.
    EEK 97 (1981), 10, S. 371–374

/28/ Eaton, B. A. : Formation Damage from Workover and Completion Fluids.
    Smithey, M. : SPE 3707, 1971

/29/ N. N. : Principle of TLC Bridging Agents Multifrac Halliburton Services,
    Sales and Service Catalog Number 40

/30/ Robinson,B. M. : Minimizig Damage to a Propped Fracture by Controlled Flowback
    Holditch, S. A.. : Procedures.
    Whitehead,W.S.: SPE 15250, 1986, S. 487–500

/31/ Ershagl, I. : Modeling of Filter Cake Buildup under Dynamic – Static Conditions.
    Mehdi, A. : SPE 8902, 1980

/32/ Hashemi, R. : Proper Filtration Minimizes Formation
    Ershaghi, I. : Damage Oil & J. No. 33, Aug.
    Ammerer, N. : 1984 82, S. 122–126

/33/ Hassen, B. R. : New Technology Estimates Drilling Filtrete Invasion
    SPE 8791, 1980

/34/ Hassen, B. R. : Solving Filtrate Invasion with Clay–Water
    Base Mud Systems.
    World Oil No. 6, Nov. 1982 195, S. 115–24

/35/ Holdtch, S. A. : Effect of Mud Filtrate Invasion on apparent Productivity on Drillstem
    et al. : Tests in Low Permeability Gas Formation
    SPE 9842, 1981

/36/ Kennedy, K. J. : Drilling Mud Particulates Can Cause Formation Damage.
Oil & Gas J. No. 31, Aug. 1971 69
S. 62 – 64

/37/ Krueger, R. F. : Damage to Sandstone Cores by Particeles from Drilling Fluids.
Vogel, L. C : Drill & Prod. Prac., API 1954,
S. 158–171 [A]

/38/ Lampkin, R. E. : Skin Damage. Part 1: How Drilling Fluids Affects Formation
Productivity. Oil & Gas J. 48, Nov. 1966, S. 82–84

/39/ Lampkin, R. E. : Skin Damage. Part 2: How to Evaluate Permeability Damage in he
Laboratory. Oil & Gas J. No.49, Des. 1996,
S. 119–125

/40/ Lauzon, R.V. : Colloid science Resolves Shale, Formation Damage Problems.
Oil & Gas J. No. 31, July 1984, S.175–179

/41/ N. N. : Skriptum zur Lagerstättentechnik.
ITE, TU, Clausthal, WS 1983/84

/42/ Schubert, H. : Untersuchungen von Trägerschädigung und behandlung bei
Verschiedenen Poreninhalten am Beispiel des Bentheimer
Sandszeins unter Anwendung neuer Meßmethodik Doplomarbeit,
ITE, TU Clausthal

/43/ McKinney, L. K. : Formation Damage From Synthetic Oil Mud Filtrates at Elevated
Temperatures and Pressures. SPE 17162, 1988

/44/ Morgenther, N. : Formation Damage Tests of High–Density Brine Completion Fluids.
SPE, Trans., AIME, 283, Nov. 1986

/45/ Peden, J. : Reducing Formation Damage by Better Filtration Control.
Offshore Service Tech. No. 1, Jan. 1982, 15, S. 626–28

/46/ Peen, J. M. : The Analysis of Dynamic Filtration and Pemeability Impairment
Avalo, M. R. : Characteristics of Inhibited Water–Based Muds.
Arthur, K.G. : SPE 10655, 1982

/47/ Perlmutter, B.A. : New Advancement for Determining the Degree of Filtration
    Hashemi, R.   : Necessary for Completion, Simulation, and Workover Fluids To
                   Minimize Formation Dmage.
                   Proc., Oct. 1985, 2, S. 309–330

/48/ Prokop, C. L. : Radial Filtration of Drilling Mud PT, AIME, Vol. 195, 1952

/49/ Outmans, H. D. : Mechanics of Static and Dynamic Filtration in the Borehole.
                     SPE, Texas, Jan. 1963

/50/ Poole, G.   : Clear Water Brines Minimize Formation Damage Oil & Gas J., July
                     1981, 79, S. 151–161

/51/ Sharp, K. W.   : Filtration of Oilfield Brines – a Conceptual Overview.
    Allen, B. T.   : SPE 10657, 1982
    Pledger, T. M. :

/52/ Wright, T. G. : Formation Damage and Means of Prevention Using Workover and
    Dorsey, D.   : Completion Fluids.
                     Proc. Lobbock, TX 1984, S. 72–75

/53/ Pence, S. A.   : Evaluating Formation Damage in Low Permeability Sandstone
                     SPE 5638, 1975

/54/ Raible, C. J. : Laboratory Formation Damage Studies and Western Tight Gas
    Gall, B. L.   : Sands. SPE 13903, 1985

/55/ Krueger, R. F. : An Overview of Formation Damage and Well Productivity in
                     Oilfield Operations
                     JPT, Trans., AIME, 281, Feb. 1986
                     S. 131–52

/56/ Amaefule, et al. : Advance in Formation Damage Assessment and Control Strategies.
                       CIM 88, Calgery (1985), 39

/57/ Bergosh, G. L. : Mechanisms of Formation Damage in Matrix Permeability
    Enniss, D. O.   : Geothermal Wells. SPE 10135, 1981

/58/ Broaddus, G.   : Well–and Formation–Damage Removel with Nonacid Fluids.
                     JPT, Trans., 285, Jan 1988, S. 685–697

/59/ Gulbis, J.   : Dynamic Fluid Loss of Fracturing Fluids.
                     SPE 12154, 1983

/60/ Ohen, H. A.   : Simulation of Formation Damage in Petroleum Reservoirs.
Civan, F.   : SPE 19420, 1990

/61/ Monaghan, P.H. : Laboratory Studies of Formation Damage in
et al.   : Sands Containing Clays.
Trans., AIME 216, 1959, S. 209–225

/62/ Rahman, S.   : Untersuchung von Trägerschädigung durch Bohrspülunge.
Dissertation, ITE, TU, Clausthal 9184

/63/ Beeson, M. C.   : Loss of Mud to Formation Pores.
Wright, H. C.   : JPT, August 1952, S. B–40–52

/64/ Marx, C.   : Evaulation Formation Damage Caused by Drilling Fluids, in
Rahman, S.   : Specifically in Pressuere – Reduced Formations.
JPT, Nov. 1987, S. 1449 – 1452

/65/ Hartmann, A.   : Untersuchung der Struktur von Filterkuchen aus Bohspülungen.
Özerler, M.   : Bericht, ITE, TU Clausthal 1985
Marx, C.   :

/66/ Mahajn, N. C.   : Bridging Particle Size Distribution: A Key Faktor in the Desining of
Barron, B. M.   : Non–Damging Fluids.
SPE 8792, 1980

/67/ Braunston, R. J. : Investigation of Well Damage Case History.
SPE 10040, 1982

/68/ Wei, K. K.   : The Effect of Fluid, Confining Pressure, and Temperature on
Morrow, N. R.   : Absolute Permeabilities of Low–Permeability Sandstones
Brower, K. R.   : SPE 13093, 1984

/69/ Renard, G.   : Influence of Formation Damage on the Flow Efficiency of Horizontal
Dupuy, J. G.   : Wells. SPE 19414, 1990

/70/ Raible, C.   : Formation Damage Studies of Low Permeability Sandstones.
Report NIPER–13 ITT Research Inst., Bartlesville, 1986

/71/ Ghofrani, R.   : Trägerschonde Spülungen. Vortrag, 7–21–Mai, Istanbul/Türkei

/72/ Thomas, D. C. : Evaluation of Core Damage Caused by Oil Based Drilling and
Hsing, H. : Coring Fluids.
Menize, D. E. : SPE 13097, 1984

/73/ Lecoutier, J. : Propagation of Polymer Slugs Through Porous Media
Chauveteau, G. : SPE 13034, 1984

/74/ Thomas, D. C. : Thermal Stability of Starch and Carboxymethyl Cellulose Polymers
Used in Drilling Fluids
SPE 8463, 1979

/75/ Pye, S. D. : Fluid Loss Additive Seriously Reduces Fracture Proppant
Smith, W. A. : Conductivity and Formation Permeability.
SPE 4680, 1973

/76/ Howard, G. C. : Hydraulic Fracturing
Fast, C. R. : SPE of AIME, Monograph Vol. 2, 1970

/77/ Mongomery, T. : Effects of Fracture Fluid Invasion on Clean Behavior and Pressure
Holditch, S.A. : Buildup Analysis.
Berthelot, J. M. : SPE 20643, 1990

/78/ Penny, G. S. : Nondamaging Fluid Loss Additive for Use in Hydraulic Fracturing of
Gas Wlls. SPE 10659, 1982

/79/ Anderson, R. W. : Synthetic Polymer Friction Reducers Can Cause Formation Damge
Woodroof, R. A .: SPE 6812, 1977

/80/ Volk, L. J. : A Method for Evaulation of Formation Damage Due to Fracturing
et el. : Fluids. SPE 11638, 1983

/81/ Gall, B. L. : Permeability Dmage to Natural Fractures Caused by Fracturing
et el. : Fluid Polymers. SPE 17542, 1988

/82/ Sparlin, D. D. : Soluble Fluid–Los Additive Cam Reduce Well Productivities and
Hagen, R. W. : Prevent Complete Gravel Placement.
SPEPE, Trans. AIME 285, Feb. 1988

/83/ Chatterji, J. : Applications of Water–Soluble Plymers in Field.
Borchardt, J. K. : JPT, 1981, 11, S. 2042–2056

/84/ Githens, C. J. : Chemically Modified Natural Gaum for Euse in Well Stimulation.
Burnham, J. W. : SPE 5706, 1976

/85/ Stromberg   Modeling the Effect of Time, Temperature, and Shear on the
Brown, D. : Hydration of Natural Guar Gels.
Curtice, R. J. : SPE 21857, 1991

/86/ Anderson, H. : A Logical Approach to Fracture Fluid Selection.
Bratrud, T. F. : Petroleum Society of CIM, Paper,
Delorey, J. R. : No. 32 (1981), 38

/87/ Sattler, A.R. : Laboratory Studies for the Design and Analysis of Hydraulic
Hudson, P.J. : Fractured
Raible, C.J. : Stimulations in Lenticular, Tight Gas
Gall, B. L. : Reservoirs. SPe 15245, 1986

/88/ Puri, R. : Damage to Coal Permeability During
King, G. E. : Hydraulic Fracturing.
Palmer, I. D. : SPE 21813, 1991

/89/ Jacobs, I. C. : Asphaltene Precipitation During Acid Stimulation Treatement.
Thorne, M. A. : SPE 14823, 1986

/90/ Knobloch, T. S. : The Role of Acid–Additive Mixtures on
Forouq Ali, S.M. : Asphaltene Percipitation.
Trevio Diaz, J. : SPE 7627, 1978

/91/ Roberts, L. D. : Paraffin Percipitation During Fracture Stimulation.
Sutton, G. D. : SPE 4411, 1973

/92/ Penny, G. S. : The Control and Modeling of Fluid Leakoff
Conway, M. W. : During Hydraulic Fracturing.
Lee, W.S. : SPE 12486, 1984

/93/ Egbogah, E. O. : An Effective Mechanisam for Fines Movement Controlin Petroleum
Reservoirs. CIM 35, Calgary (1984), 16

/94/ Gabriel, G. A. : An Experimental Investigation of Fines Migration in Porous Media.
Inamdar, G. R. : SPE 12168, 1983

/95/ Gruesbeck, C. : Entrainment and Deposition of Fine Particles in Porous Media.
Collins, R. E. : SPEJ, Dec. 1982, S. 847–856 [R]

/96/ Khilar, K. C.   : The Existence of a Critical Salt Concentrartion for Particle Release
     Folger, H. S.   : J. Colloid Interface Sci. No. 1, Sept, 1984, 101, S. 214–224

/97/ Khilar, K. C.   : Sandstone Water sensivity: Existence of a Critical Rate of Salinity
     Folger, H. S.   : Decrease for Particle Capture.
                        Chem. Eng. Sci. No. 5, 1983, 38, S. 789–800

/98/ Kia, S. F.   : Effect of pH on Colloidally Induced Fines Migration
     Folger, H. S.   : J. Colloid Interface Sci. No. 1
     Reed, M. G.   : July 1987, 118, S. 158–168

/99/ Stahlberg, W.   : Untersuchung über die Fließeigenschaften und die Stabilisierung
                        von Tonspülungen durch Schutzkolloide unter
                        Bohrlochbedingungen.
                        Dissertation, ITE, TU Clausthal, 1970

/100/ McDowell-   Particle Transport Throught Porous Media. Water Resources Res.
      Boyer, L. M.   : No. 13, Dec. 1986, 22, S. 1901–1902
      Hunt, J. R.   :
      Sitar, N.   :

/101/ Sarkar,A. K.   : An Experimental Investigation of Fines Migration in Two–Phase
      Sharma, M. M. : Flow, SPE 17437, 1988

/102/ Sharma, M. M. : Permeability Impairment Due to Fines Migration in Sandstones.
      Yortsos, Y. C. : SPE 14819, 1986

/103/ Sharma, M. M. : Release and Deposition of Clays in
      Yortsos,Y. C. : Sandstones.
      Handy, L. L.. : SPE 13562, 1985

/104/ Sydansk, R. D. : Stabilizing Clays With Potassium Hydroxide
                        JPT, Aug. 1984, S. 1366–1374 [A]

/105/ Wojtanowicz,K.: Experimental Determination of Formation
      Langlinais, P. : Damage Pore Blocking Mechanisms.
      Krilov, Z.   : March 1988, 110, S. 34–42

/106/ Wojtanowicz,K.: Study in the effect of Pore Blocking
      Krilov, Z.   : Mechanisms on Formation Damage
      Langlinais, P. : SPE 16233, 1987

/107/	Derby, J. A. Simon,	: Formation Damage is Evaluated by New Instruments, New : Methods. Oil & Gas J., 74, (Sep. 1976), 38 S. 209–214
/108/	Civin, F. Knapp, R. M.	: Effect of Clay Swelling and Fines Migration Formation : Permeability. SPE 16235, 1987
/109/	Civin, F. Knapp, R. M. Ohen, H. A.	: Automatic Estimation of Model Parameters for Swelling and : Migration of Fine Particles in Porous Media. : AICHE Meeting, New Orleans, LA, March 1980
/110/	Civin, F. Knnap, R. M. Ohen, H. A.	: Alteration of Permeability by Fine Paricle Processes. : JPT, 3 (1989), 1, 2, S. 65–79 :
/111/	Hewitt, C. H.	: Analytical Techniques for Recognizing Water – Sensitive Reservoir Rocks. JPT (Aug. 1963), S. 813–818
/112/	Sharma, M. Yortsos, Y. C.	: Transport of Particulate Suspensions in Porous Media: Model : Formation. AIChE Journal, Vol. 33, No. 10, Oct. 1987 S. 1636–1643
/113/	Priishoim, S. Nielsen, B. L. Haslund, O.	: Fines Migration, Blocking, and Clay : Swelling of Potential Geothermal Sandstones, Reservoirs, : Denmark. SPE, 1987, S. 168–224
/114/	Rege, S. D. Folger, H. S.	: Network Model For Straining Dominated Particle Entrapment in : Porous Media. Chemical Engineering Science, 42 (Sep. 1987), 7, S. 1553–1564
/115/	Gray, D. H. Rex, R. W.	: Formation damage in Sandstones Caused by Clay Dispersion and : Migration. 14th National Conference an Clays & Minerals, Elmsford, NY 1966, S. 355–366
/116/	Vaidy, R. N. Folger, H. S.	: Fines Migration and Formation Damage: : Influence of pH and Ion–Exchange. SPE 19418. 1990
/117/	Cusack, J. et al.	: Diagnosis and Removal of Microbial/Fines : Plugging in Water Injection Wells. SPE 16907, 1987

/118/ Lever, A. : Clay Migration and Entrapment in Synthetic Porous Media.
Dawe, R. A. : Marine Pet. Geol. No. 2, May 1987, 4, S. 112–118

/119/ Holditch, S. A. : Factors Affecting Water Blocking and Gas Flow from Hydraulically Fractured Gas Wells. JPT, Dez. 1979, 12, S. 1515–1524

/120/ Jones, J. T. : Water–in–Crude Oil Emulsion Stability and Emulsion Destabilization
Neustadter, L. : by Chemical Demulsifiers.
Whittingham,K.: JPT–Canada, April–June 1978

/121/ Walsh, M. P. : A Description of Chemical Percipitation Mechanisms and their Role
Lake, L. W. : in Formation Damage During Stimulation by Hydrofluoric Acid.
Schechter, R.S.: JPT, Sep. 1982, S. 2097–2112 [R]

/122/ Black, H. N. : Advantageous Use of Potassium Choride Water for Fracturing
Hower, W. F. : Water–Sensitive Formations.
Paper API 851–39–F, 1970

/123/ Coon, R. M. : Evaluation of Fluid pH Effect on Low
McDaniel,B. W.: Permeability Sandstones.
Simon, D. E. : SPE 6010, 1976

/124/ Coulter, G. R. : The Effect of Fluid pH on Clays and Resulting Formation
Hower, W. : Permeability Proc., Lubbock, TX., 1975, S. 115–118

/125/ Hall, B. E. : Workover Fluids: Parts 5: Certain Chemicals React To Stabilize Clays and Fines in the Formation.
World Oil 6 (Dec. 1986), 203, S. 49–50

/126/ Hower, W. F. : Influence of Formation Clays on the Lfow of Aqueous Fluids.
Proc., 1981, S. 117–127

/127/ Land, C. S. : Effect of Hydratation of Montmorillonite on the Permeability to Gas
Baptist, O. C. : of Water–Sensitive Reservoir Rocks.
JPT, AIME, 234 [A], Oct. 1965, S. 1213–1218

/128/ Lauzon, R. V. : Chemical Balance Stops Formation Damage.
Oil & Gas J. 36 (Sep. 1982) 801, S. 24–26

/129/ Leone, J. A.   : Characterization and Control of Formation Damage During
    Scott, E. M.   : Waterflooding of a High–Clay–Content Reservoir.
              SPERE, Trans., AIME, 285, Nov. 1988, S. 1279–1286

/130/ Omer, A. E.   : Effect of Brine Composition and Clay Content on the Permeability of
              Sandstone Cores.
              SPE 16520, 1987

/131/ Litis, M.   : Comparison of the Inhibitory Action fo KCl and Guanidine
    Didier, G.   : Hydrochloride Solution on Montmorillonite Swelling.
    Lareal, P.   : JPT, Aug. 1982, S. 514–521

/132/ McLaughlin,HE: Aqueous Polymers for Treating Clay in Oil and Gas Producing
    et al.   : Formation. SPE 6008, 1976

/133/ Scheurman,R.F: Injection water Salinity, Formation Pretreatment, and Well
    Bergersen,B.M.: Operations. SPE 18461, 1989

/134/ Hower, F. W. : Influence of Clays on the Production of Hydrocarbons.
              SPE 4785, 1974

/135/ Baijal, S. K. : A Particel Approach to Prevent Formation Damage by High–
    Houchin,L. R. : Density Brines During the Completion Process.
    Bridges, K. L.. : SPE 21674, 1991

/136/ Mungan, N.   : Permeability Reduction Through Changes in pH and Salinity.
              JPT, Trans., AIME 234, Dec. 1965, S. 1449–1153

/137/ Flock, D. L.   : A Study of Formation Plugging With Bacteria. JPT, Trans., AIME,
    Raleigh, J. T. : 234 [R], Feb. 1965, S. 201–206

/138/ Geesey, G. G. : Evaluation of Slimeproducing Bacteria in Oil Field Core Flood
    Mittelman,M.W.: Experiments. App. And Env. Micro., Feb 1987, S. 278–283
    Lieu, V. T.   :

/139/ Ghalambor, A. : Remedial Methods for Bacterial Formation Damage by Application
    et al.   : of Oxidizers
              SPE 14821–1986

/140/ Hart, R. T.   : The Plugging Effect of Bacteria in Sandstone System.
      Fekete, T.   : The Canadian Mining and Metallurgical Bulletin, July 1960,
      Flocke, D. L.   : S. 485–501

/141/ Kalish, P. J.   : The Effect of Bacteria on Sandstone Permeability.
      et al.   : JPT, July 1964, S. 805–814

/142/ Lappan, R. E.   : The Effect of Bacteria Polysaccharide Production on Formation
      Folger, H. S.   : Damage SPE 19418, 1990

/143/ Nord, W.   : Protein Absorption and Bacterial Adhesion to Solid Surface: A
      Lyklema   : Colloid–Chemical Approach.
                           Col. And Sci., 1989, 38, S.1–13

/144/ Clementz,D.M.: Stimulation of Water Injection Wells in the Los Angeles Basian
      et al.   : Using Sodium Hypochlorita and Mineral Acid.
                           JPT, 1982, S. 2087–2096

/145/ Shaw, J. C.   : Bacterial Fouling in a Model Core System App. And Env. Micro.,,
      et al.   : 1985, 49, S. 693–701 :

/146/ Updegraff,D.M.: The Effect of Microorganisms on the Permeability and Porosity of
                           Petroleum Resorvoir Rock.
                           Penn Well Publishing Co., Tulsa, OK, 1983, S. 37-44

/147/ Faraz, A. M.   : Untersuchungen zur Abtrennung von Bohrklein im
                           Feinstkornbereich aus einer synthetischen Tonspülungen mit Hilfe
                           der Druckfiltration. Dissertation, ITE, TU
                           Clausthal, 1990

/148/ Rehmer, K. P.   : Behandlungsflüssigkeiten auf der Basis von
                           Salzausfällungssuspension für Arbeiten in Gasfördersonden–
                           Wirkungsmechanismen und chemisch–physikalische Eigenschaften
                           Dissertation, Freiberg, 1989

/149/ Veatch, R. W.   : Current Hydraulic Fracturing Treatment and Design Technology.
                           SPE 10039, 1982

/150/ Diezel, H. J.   : Zur Entwicklung der Frac–Technik seit 1960. EEK–Z. 106
                           (1990), 11,
                           S. 434–438

/151/ Cleary, M. P. : The Engineering of Hydraulic Fracturing State of that Art and Technology of the Fracture.
JPT, 1988, 1, S. 13–21

/152/ White, J. L.. : Key Faktors in MHF Design.
Danielm E. F. : JPT, 1981, 8, s. 1501–1512

/153/ Brinkmann,F.W: Status Report on Fracturing of Deep and Low Permeable Formation
Elwerath, B. : in West Germany.
SPE/DOE–Paper No. 9852, 1981, S. 253–268

/154/ Klose, G. : Frac–Planung und–Behandlung Söhlingen Z–4. EKK–Z., 99.
Krömer, E. : Jg., (1983), S. 181–188

/155/ Krömer, E. J. : Untersuchungen von fractechnischen Planungsgrößen.
Mitteilung aus dem ITE, TU Clausthal,
Mai 1984

/156/ Slusser, M. L. : Fracturing Low Permeable Gas Reservoir.
Rieckmann, M. : EEK–Z. 92 (1976), 3, S. 70–76

/157/ Brinkmann, F. : Frac–Behndlungen in tiefen geringpermeablen Gaslagerstätten–
Furberg, H. D. : deryeitiger Stand und weitere Aussichten.
Schöber, K. : EKK–Z. 96 (1980), 2, S. 37–44

/158/ Gardner, D. C. : Rheological Characterization of Crosslinked and Delayed
Eikerts, J. V. : Crosslinked Fracturing Fluids Using a Closed–Loop Pipe
Viscometer. SPE 12028, 1983

/159/ Holcomb, D. L. : Minimizing Reservoir Damage by Ensuring Proper Additive
Performance in Stimulation Fluids.
SPE 14991, 1986

/160/ Brinkmann, F. : Methoden zur Bestimmung fracspezifischer Parameter aus dem
Krömer, E. : Förderverhalten von behandlung Gasbohrungen.
Rieckmann,KM: EEK–Z. 98 (1980), 6, S. 236–245

/161/ Almond, S.W. : Factors Affecting Gelling Agent Residue Under Low Temperature.
10658, 1982

/162/ Almond, S.W. : The Effect of Break Mechanisem o Gelling Agent Residue and Flow
Bland, W.E. : and Impairment in 20/40 Mesh Sand
SPE 12485, 1984

/163/ Elbel, J. : Increased Breaker Concentration in Fracturing Fluids Results in
et al. : Improved Gas well Performance.
SPE 21716, 1991

/164/ Grundmann,SR: Foam Stimulation.
Lord, D. L. : JPT 1983, 3, S. 597– 602

/165/ Nguyen, H. T. : Effect of Varius Additive on the Properties of the Clarified XC
LaFontaine, M. : Polymer System
SPE 19404, 1990

/166/ Herestad, K. : Fluid Mechanical Analysis for Control
Saasen, A. : of Gravel Pack Jobs.
Sterri, N. : SPE 21672, 1991

/167/ Houchin, L. R. : Formation Damage During Gravel–Pack
Dunlap, D. D. : Completions
Hutchinson,J.E: SPE 17165, 1988

/168/ Bertaux, J. : Treatment Fluid Selection for Sandstone Aciding Permeability
Impairment in Potassic Mineral Ssandstones.
SPEPE, Feb. 1989m S. 41–48

/169/ Bryant, S. L. : Formation Damage Acid Treatments.
Buller, D. C. : SPE 17597, 1988

/170/ Burkill, G.C.C. : Successful Matrix Acidizing of Sandstones Requires a Reliable
Lichaa, P. M. : Estimate of Wellbore Damage
SPE 5590, 1975

/171/ Crowe, C. W. : Precipitation of Hydrated Silica From Spent Hydrofloric Acid–How
Much of a Problem Is It?.
JPT, Trans., AIME, Nov, 1986, 281 [R], S. 1234–1240

/172/ Crowe, C. W. : Evalution of Agente for Preventing Precipitation of Ferric Hydroxide
From Spent Treating Acid.
JPT, April 1985, S. 691–95 [A]

/173/ Crowe, C. W. : Prevention of Undesirable Precipitates From Acid Treating Fluid.
SPE 14090, 1986

/174/ Crowe, C. W. : Acid Corrosion Inhibitor Adsorption and Its Effect on Matrix
Minor, S. S. : Stimulation Results.
SPE 10650, 1982

/175/ Hille, A. D. : Design of the HCl Preflush in Sandstone Acidizing.
Sepehrnoori, K. : SPE 21720, 1991
Wu, P. Y. :

/176/ Williams, B. B. : Acidizing Fundametals.
et el. : SPE of AIME, Vol. 6, 1979

/177/ Shaughnessy, : Understanding Sandstone Acidizing Leads to Improved Field
M, : Practices. JPT, July 1981, S. 1196–1202
Kunze, K. R. :

/178/ Thomas, R. L. : Matrix Treatment Employs New Acid System for Stimulation and
Crowe, C. N. : Control of Fines Migration in Sandstone Formation.
JPT, Aug. 1981, S. 1491–1500 [A]

/179/ Darly, H. C. H. : Acid-Soluble Drilling, Completion and Workover Fluids.
Harrison, G. : Proc., Lubbock, Tx., 1974
Hartfield, A. H. :

/180/ Tuttle, R. N. : New Nondamage and Acid–Degradable Drilling and Completion
Barkman, J. H. : Fluids. JPT, Nov. 1974, S. 1221–1226

/181/ Grim, R. E. : Applied Clay Mineralogy. McGraw – Hill Book Co., New York –
Toront, London, 1962

/182/ Rogers, W. F. : Composition and Properties of Oil Well Drilling Fluids, Revised
Edition, Gulf Publishing Company, Houston, Texas, 1935

/183/ Pöge, S. : Untersuchungen von temperaturbedingten Veränderungen der
Rheologie von Bohrspülungen.
Dissertation, ITE, TU Clausthal, 1989

/184/ van Olphen, H. : Data Handbook for Clay Materials and other Non–Metallic
Fripiat, J. J. : Minerals, 1. Aufl., Wiley New York–London–Syney–Toronto, 1979

/185/ Lagaly, G. : Colloids.
Ullmann's Encyclopedia of Industrial Chem., Vol. A7, VCH,
Weinheim, 1986

/186/ Hoffmann, U. : Kristallstruktur und Quellung von
Endell, K. : Montmorillonit.
Wilm. : Kristallographie 86 (1933), S. 340–348

/187/ Müller- : Tonmineralogie und Bodenmechanik.
Vonmoos M. : Mitteilungen d. Instituts für Grundbau und
et el. : Bodenmechanik, ETH Zürich, Nr. 133, 1988

/188/ Ruehwein, R.A.: Mechanism of Clay Aggregation by Polyelectrolytes.
Ward, D. W. : Soil Science 73, 1952, S. 485–492

/189/ Packeter, A. : Interaction of Montmorillonite Clays With Polyelectrolytes.
Soil Science 83, 1957, S. 335–343

/190/ Schott, H. : Deflocculation of Swelling Clays by Nonionic and Anionic
Detergents. Journal of Cooloid Science 26, 1968, S. 133–139

/191/ Schwarz, H. : Experimentelle Untersuchungen zur Stabilisierung von
Tonsuspensionen Mit Natriumcarboxymethylcellulose.
Dissertation, ITE, TU Clausthal, Mai 1986

/192/ Becke, C. W. : X-Ray and Infra red Data on Hectotite Guanidines and
Brunton, G. : Montmorillonite–Guanidines, Clay and Clay Minerals, Vol. 8,
Oklahoma, Oct. 1959

/193/ Vogt, K. : Zur Mineralogie, Kristallchemie und Geochemie einiger
Köster, H. : Monmorillonite aus Bentoniten.
Clay Mineral 13, 1978, S. 25–43

/194/ N. N. : API–Norm RP 13 B

/195/ Van Olphen, H.: An Introduction to Clay Colloid Chemistery, 2. Ed., Wiley, New York
-London–Sydney–Toronto, 1977

/196/ Weiss, A. : Anorg. Allgem. Chemie 284,
et al. : 1956, S. 247–271

/197/ Granquist, W.T : A Study of the Synthethesis of Hectorite Clay and Minerals.
Pollack, S. S. : Volume 8, Proceedings of the 8th Nat. Conf. on Clay and Minerals,
Oklahoma, Oct. 1959, S. 151 ff

/198/ Müller, H. : Kolloid–Beih. 16, 1928

/199/ Welder, G. : Lehrbuch der physikalischen Chemie 2. Auf., VCH
Verlagsgesellschaft, Weinheim 1985

/200/ Müller, H. : Offenlegungsschrift DE 3631764 Al,
et al. : Offenlegungstag 03.88

/201/ Lagaly, G.　　　: Ton und Tonminerale. Ullmanns Enzyklopädie technischen
　　　Fahn, R.　　　　: Chemie, Band 23, 4. Aufl., Verlag Chemie,
　　　　　　　　　　　　Weinheim, 1983, S. 311–326

/202/ Brandley, W.F.　: Z. Kristallographie Mineral., Petrogr.
　　　et. al.　　　　　 : Abt. A 97, 1937, S. 216

/203/ Stahl　　　　　　: Fest–Flüssig–Seminar, Inst. Für Mech. Verfahrenstechnik, TH
　　　　　　　　　　　　Karlsruhe, 1988

/204/ Stauff, J.　　　　: Kolloidchemie Springer Verlag, Berlin, 1960

/205/ Ghofrani, R.　　　: Neuere Polymere in der Tiefbohrtechnik. Vortrag, Türkei, Mai 1989

/206/ Wiliams, L.H.　　: New Polymer offers Effective, Permanent Clay Stabilization
　　　Underdown,D.R : Treatment. JPT, July 1981

/207/ Wiliams, L. H.　 : New Polymer offers Effective, Permanent Clay Stabilization
　　　David, R.　　　　 : Treatment.
　　　Underdown, R.　: SPE 8797, 1980

/208/ Shah, S.　　　　　: Water–Soluble Polymer Adsorption From Saline Solution.
　　　Heinle, S.A.　　　: SPE 13561, 1985
　　　Glass J. E.　　　　:

/209/ Moore, W. J.　　 : Physikalische Chemie. 2. Auf., Walter de Gruyter,
　　　Hummel, D. O.　: Berlin–New York, 1976

/210/ Hamker, H. C.　 : Rec. trav. Chem. 55, 1936, S. 1915 und 56, 1937, S. 3

/211/ Overbeck, J.　　 : Colloid, 1952
　　　Kruyt, H. R.　　　:

/212/ v. Smoluch-　　　: Physikalische Zeitschrift 17,
　　　owski, M.　　　　 : 1919, S. 557– 585

/213/ v. Smoluch-　　　: Zeitschrift für physikalische Chemie 92,
　　　owski, M.　　　　 : 1918, S. 129 ff

/214/ Müller, H.　　　　: Kolloid–Zeitschrift 1,
　　　　　　　　　　　　 1926

/215/ Lipatow, S. M.　 : Physikalische Chemie der Kolloide 1. Aufl.,
　　　　　　　　　　　　Akademie – Verlag, Berlin, 1953

/216/ Kuhn, A. : Kolloidshemisches Taschenbuch. Akademische
Verlagsgesellschaft Geest & Portig K.–G., Leipzig, 1960

/217/ Ghofrani, R. : Vorlesung, Tiefbohrtechnik III
ITE, TU Claustal

/218/ Kemper, E. : Geologischer Führer durch die Grafschaft Bentheim und die
angrenyenden Gebiete. Nordhorn 1986, Heimatverein d. Grafschaft
Benth. e. V., S. 172

/219/ Füchtbauer, H. : Zur Petrographie des Bentheimer Sandstein im Emsland.
EEK–Z. (1955), 8, S. 616–617

/220/ Hartmann, A. : Untersuchungen an Filterkuchen von Bohrspülungen.
Dissertation, ITE, TU Clausthal, 1987

/221/ Holub, R. W. : Scaning Electron Microscop Pictures of Reservoir Rocks Reaveal
et. al. : Ways to Increase Oil Production.
SPE 4787, 1974

/222/ Pittman, E. D. : Some Application of Scaning Electron Microscopy to the Study of
Thomas, J. B. : Reservoir Rock. JPT, Nov. 1979, S. 1375–1380

/223/ N. N. : Haake Viskosimeter.
Betriebsanleitung, 1980

/224/ N. N. : Methods for the Determination of the Microstrukture of Porous
Substancees. Carlo – Erba, Milano, Italy

8. ANHANG

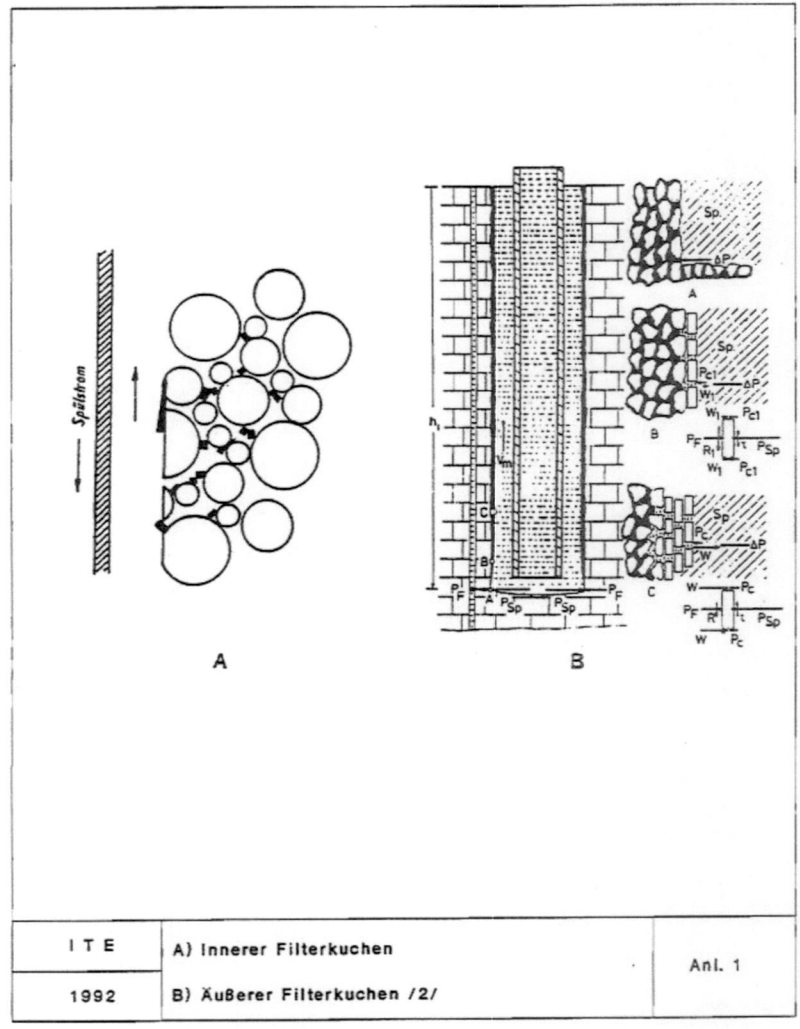

I T E	A) Innerer Filterkuchen	Anl. 1
1992	B) Äußerer Filterkuchen /2/	

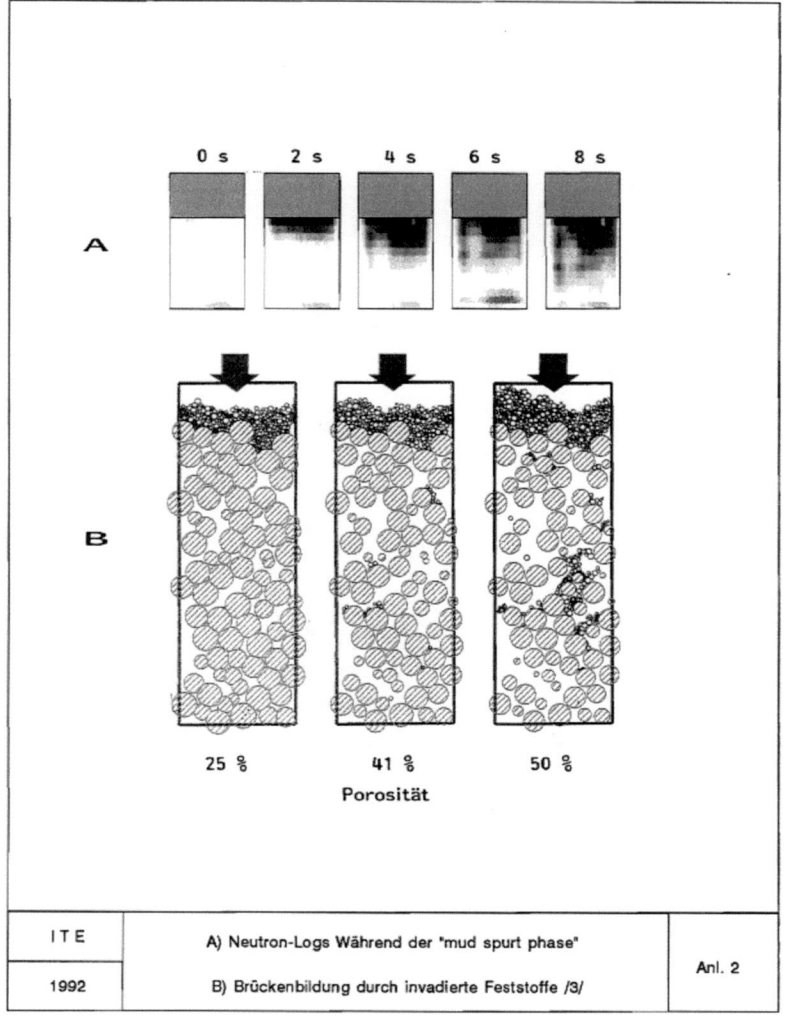

ITE	A) Neutron-Logs Während der "mud spurt phase"	Anl. 2
1992	B) Brückenbildung durch invadierte Feststoffe /3/	

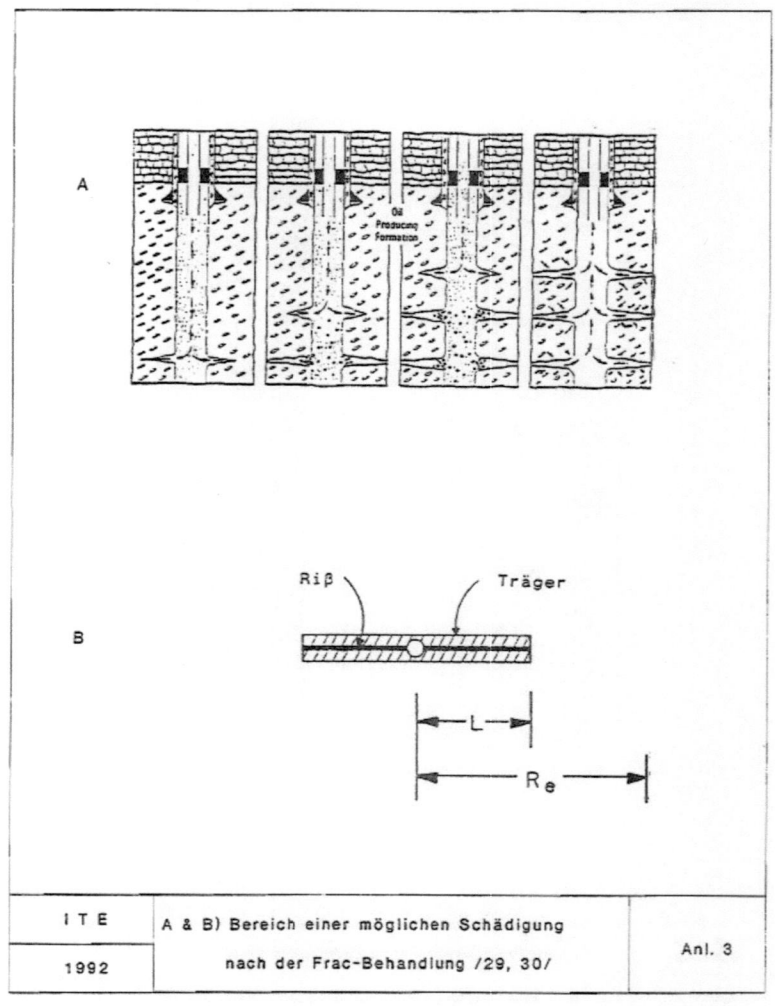

A & B) Bereich einer möglichen Schädigung nach der Frac-Behandlung /29, 30/

Anl. 3

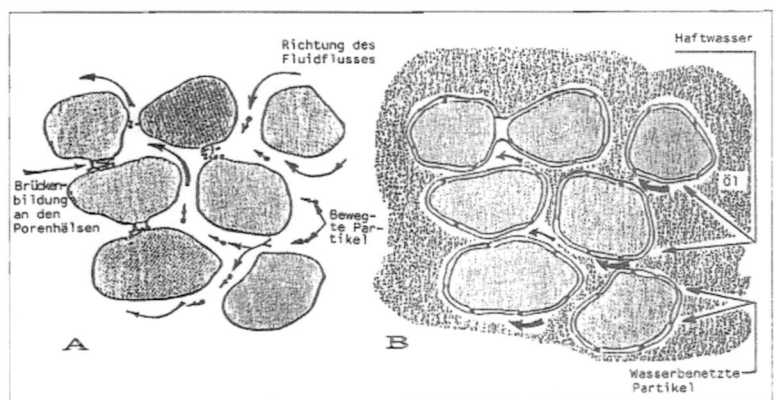

A) Bewegungszustand von Feststoffen während der Förderung
B) Wasserbenetzte Partikel sind immobil, wenn die Wasserphase immobil ist

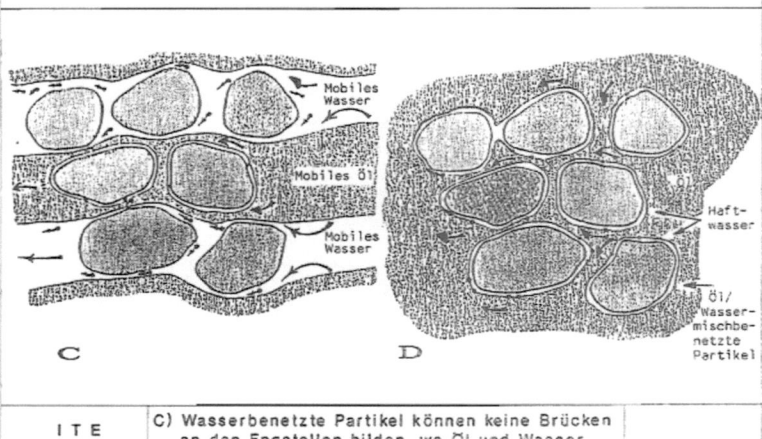

I T E	C) Wasserbenetzte Partikel können keine Brücken an den Engstellen bilden, wo Öl und Wasser mobil sind	Anl. 4
1992	D) Die Partikel bewegen sich entlang der Öl/Wasser-Grenzfläche /8/	

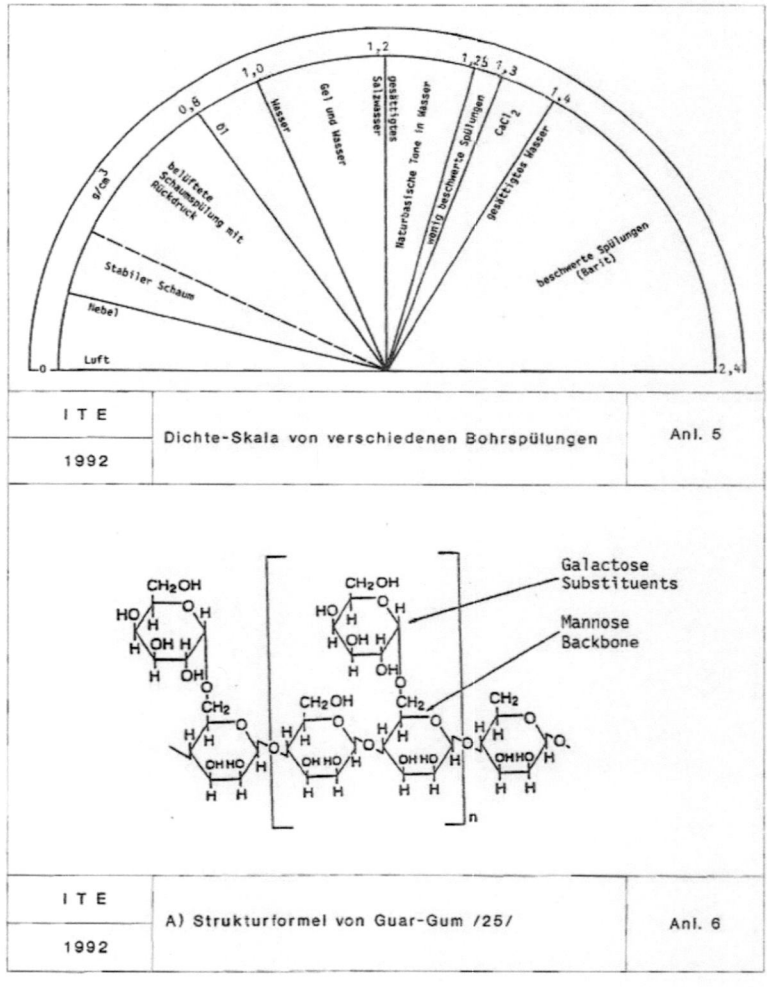

I T E		
1992	Dichte-Skala von verschiedenen Bohrspülungen	Anl. 5

I T E		
1992	A) Strukturformel von Guar-Gum /25/	Anl. 6

B) Strukturformel von Hydroxyethylcellulose (HEC) /25/

$M^{\ominus}$ = Na, K, ½ Ca

C) Strukturformel des Biopolymers Xanthan /25/

ITE 1992 — Anl. 6

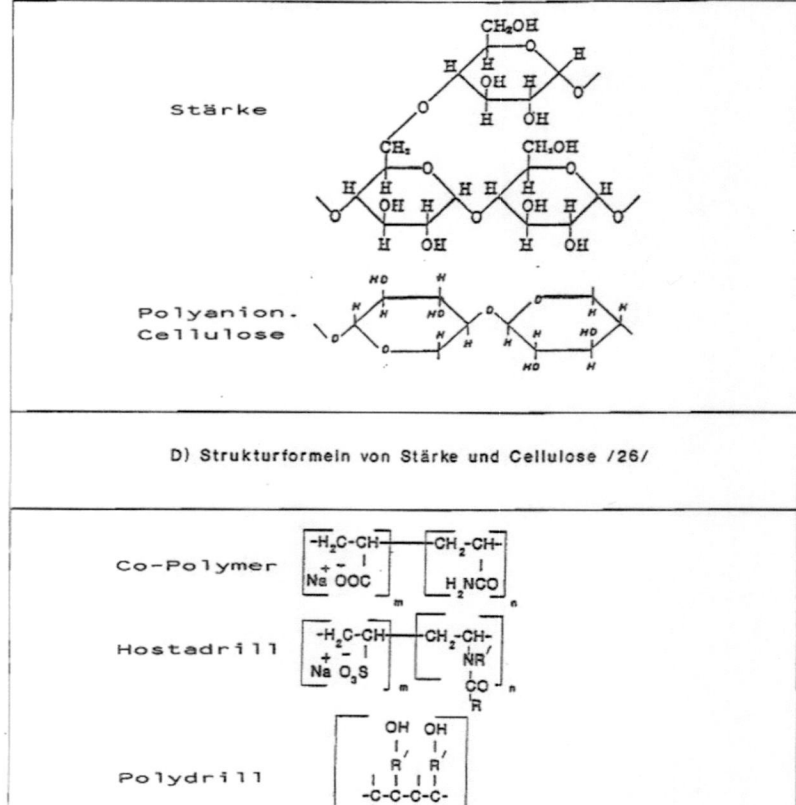

D) Strukturformeln von Stärke und Cellulose /26/

E) Strukturformeln von Synthetischen Polymeren /27/

Anl. 6

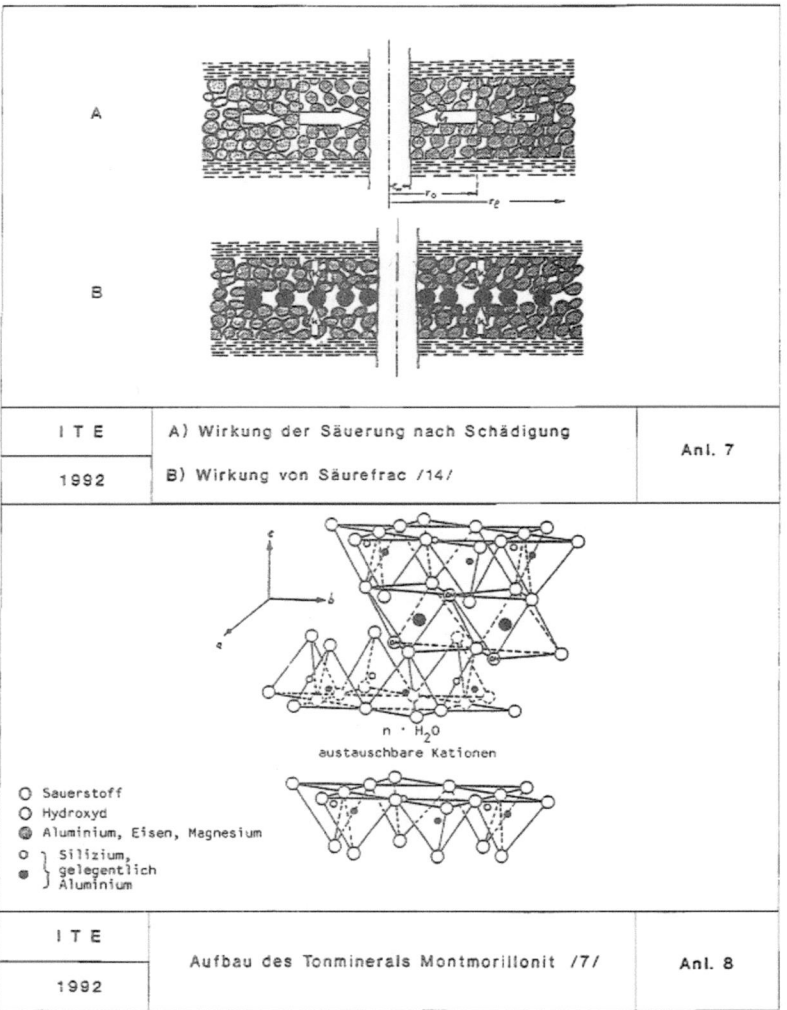

I T E	A) Wirkung der Säuerung nach Schädigung	Anl. 7
1992	B) Wirkung von Säurefrac /14/	

Sauerstoff
Hydroxyd
Aluminium, Eisen, Magnesium
Silizium,
gelegentlich
Aluminium

I T E	Aufbau des Tonminerals Montmorillonit /7/	Anl. 8
1992		

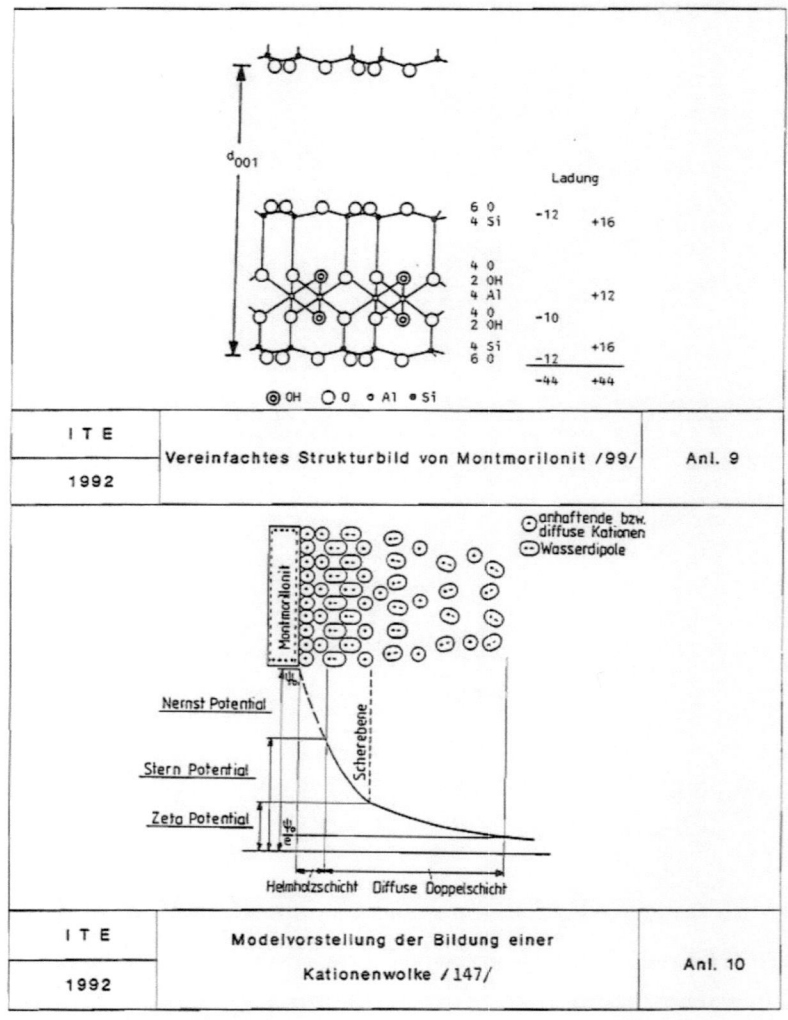

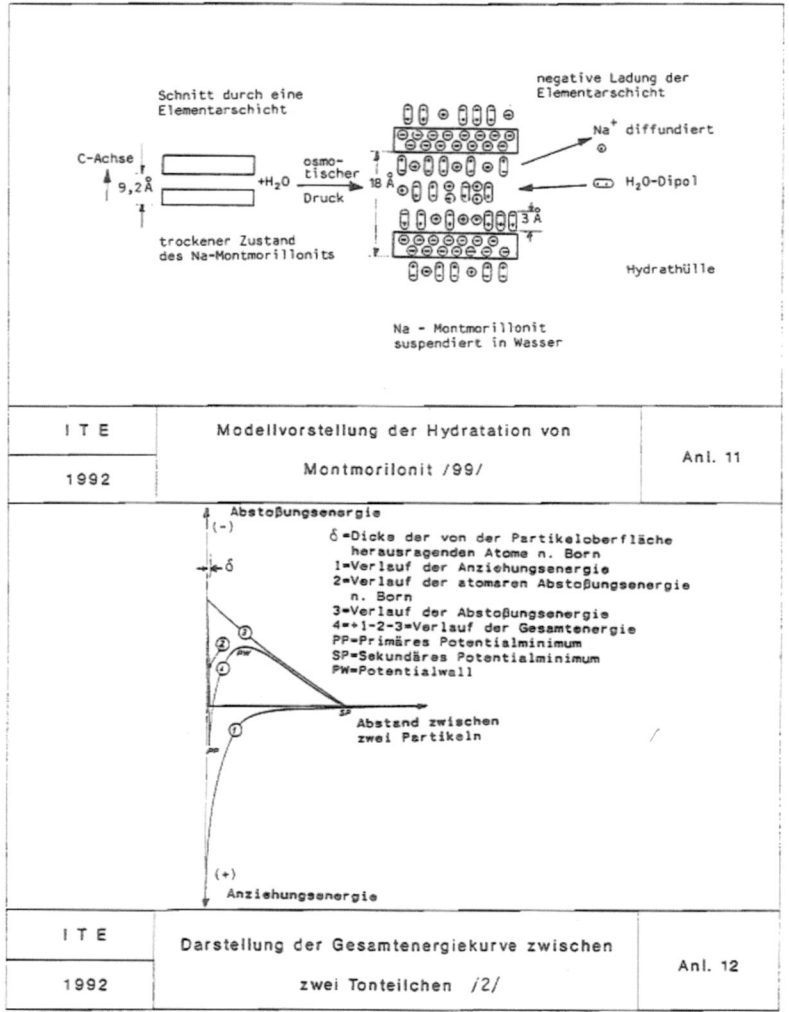

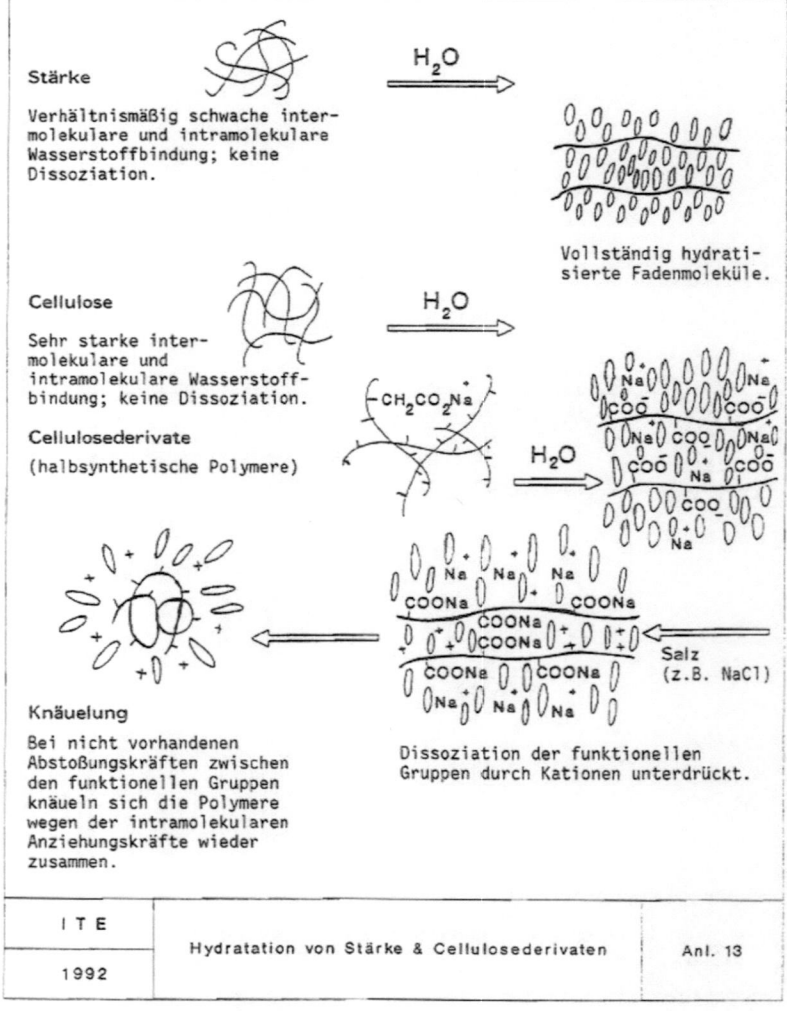

ITE	Hydratation von Stärke & Cellulosederivaten	Anl. 13
1992		

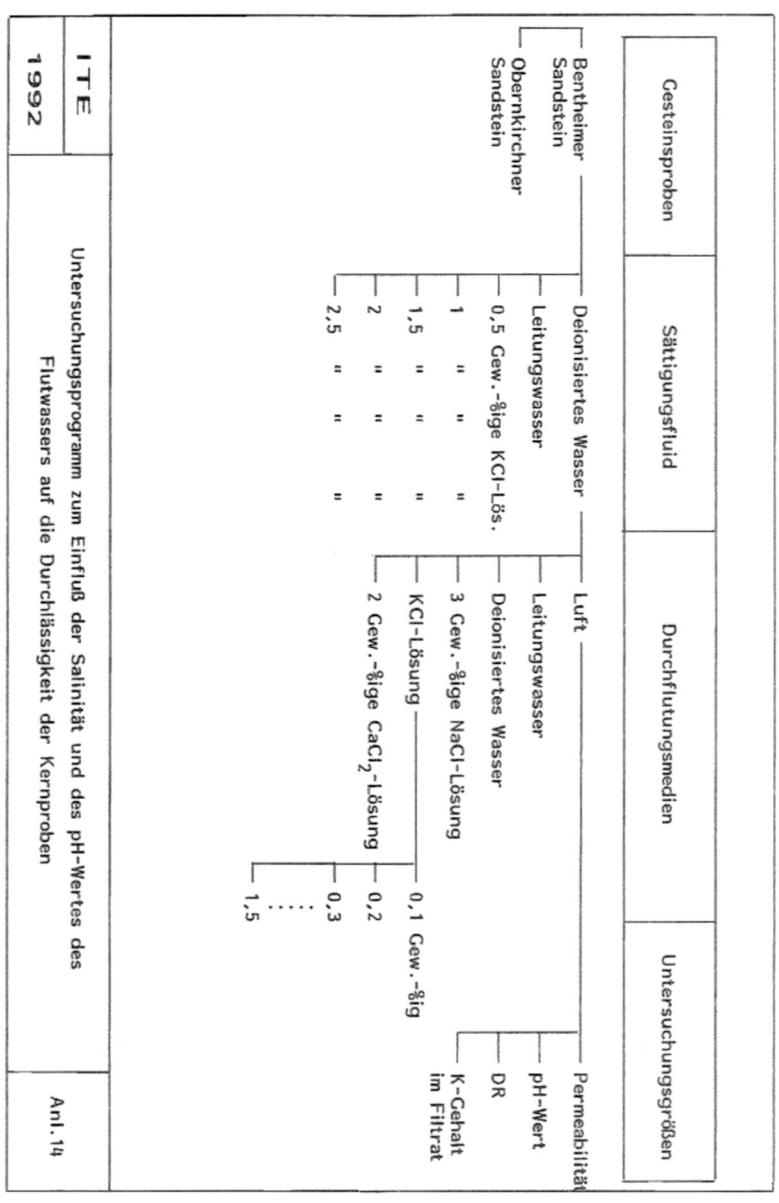

Zusammensetzung des Fluids						Fluidvorbelastung durch			Versuchsbedingungen				Untersuchte Gesteinsproben	Untersuchungsgrößen
Tone		Polymere		Feststoffe		Elektrolyte		Temperatureinwirkung bei 90°C, Dauer in h	Zirkulationsgeschwindigkeit in m/s	Differenzdruck in MPa	Zirkulationstemperatur in °C	Versuchsdauer in h	Gegendruck in kPa		
Art	Konzentration in Gew.-%	Art	Konzentration in Gew.-%	Art	Konzentration in Gew.-%	Art	Konzentration in Gew.-%	Art	Konzentration in Gew.-%						
Dehydril HT	0 1,5 2	Hostadrill Polydrill Antisol FL 30000 (PAC h.v.) Antisol FL 100 (PAC l.v.) Antisol FL 30 (PAC) Stärke Xanthan Biopolymer (XC) Hydroxyethylcellulose (HEC) NaCMC	0 1* (0,1) 2 3	Mikrosöhl Texkreide Calcidor 40 DS-20 Bohrklein M+T ** M+B T+B M+T+B MgO	0 6 12 15,7 17,8	NaCl KCl K-Acetat Gips	0 0,25 0,29 1 1,5 3	CaCl$_2$	0 0,03 0,06 0,1 0,5 1 6	0 24 120	0 0,1 0,3 0,6 1,5	0,7 1,5 2,2 3 3,5	RT*** 50 70 90	1 3 5 7 10	100 200 300 500 700 1500 2000	Bentheimer Sandstein Obernkirchner Sandstein	DR % **** SDR % Porenradienverteilung REM Dünnschliff-Analyse AAS-Analyse

*: Nur bei Spülungen, die mehrere Polymere enthalten.

**: M = Mikrosöhl
T = Texkreide
B = Bohrklein

***: RT = Raumtemperatur

****: DR = Damage ratio
SDR = Sectional damage ratio
REM = Rasterelektronenmikroskopie
AAS = Atomabsorptionsspektrometrie

ITE 1992

Programm zur Untersuchung von DHT-, Bentonit- bzw. Polymerspülungen hinsichtlich Trägerschädigung

Anl. 15

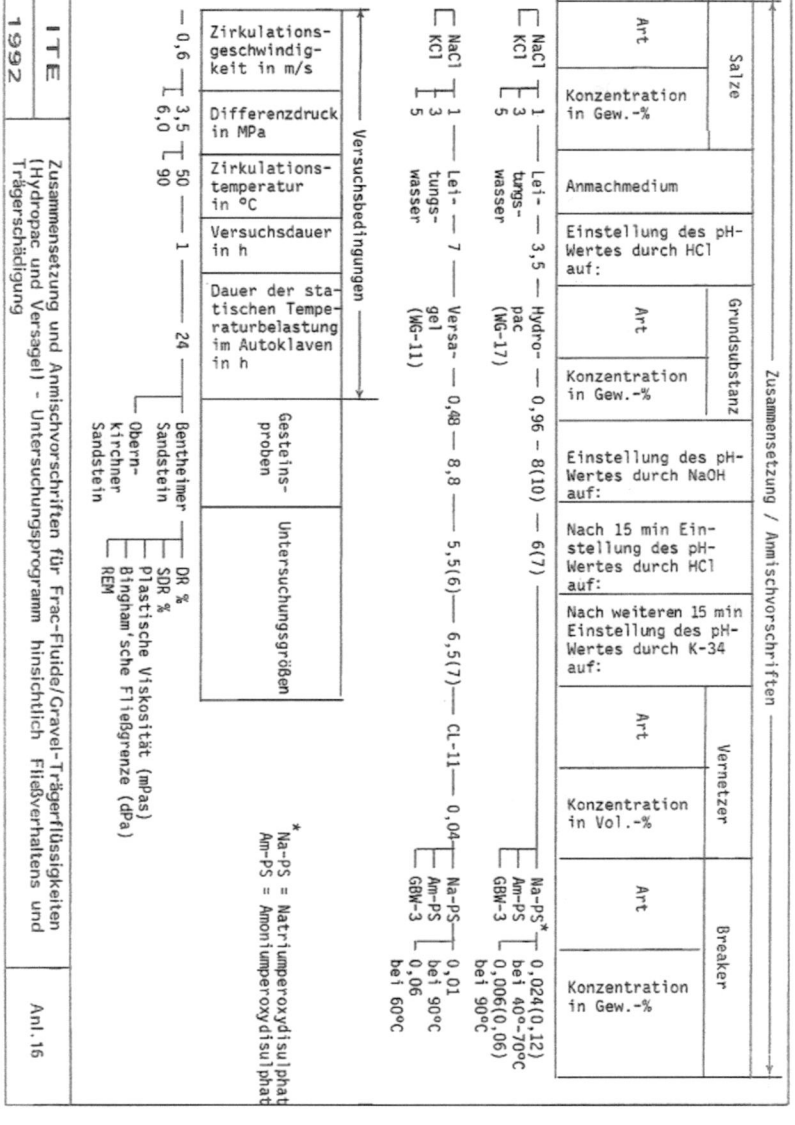

Zusammensetzung des Fluids						Versuchsbedingungen					Gesteins-proben	Unter-suchungs-größen
Polymere		Feststoffe		Elektrolyte		Schädigungsphase				Rückförder-phase		
Art	Konzentration in Gew.-%	Art	Konzentration in Gew.-%	Art	Konzentration in Gew.-%	Zirkulations-geschwindigkeit in m/s	Differenzdruck in MPa	Zirkulations-temperatur in °C	Versuchsdauer in h	Verdrängungs-druck in kPa		
Poly-anionen-Cellu-lose (PAC)	1	Mikro-söhl	10	NaCl	3	0 — 0,1 — 0,3 — 0,6	3,5	90	1	10 — 30 — 50 — 70 — 100 — 150 — 200	Bentheimer Sandstein	Permea-bilität (μm^2) — DR % — SDR %

Untersuchungsprogramm zur Änderung der Schädigung von Kernproben nach Rückförderversuchen

ITE 1992   Anl. 17

Behandlungsfluid	Differenzdruck in kPa	Untersuchungsgrößen

$c_{(HCl)}$ = 4 mol/l Salzsäure
— 100 für Proben aus Bentheimer Sandstein — DR in %
— 500 für Proben aus Obernkirchner Sandstein — SDR in %

(Säuregemisch, bestehend aus $c_{(HCl)}$ = 3,2 mol/l Salzsäure und $c_{(HF)}$ = 1,5 mol/l Flußsäure)

I T E 1992 — Programm zur Untersuchung der Höhe der Restschädigung nach einer Säurebehandlung der mit Bohrspülungen geschädigten Kerne aus Bentheimer und Obernkirchner Sandstein — Anl. 18

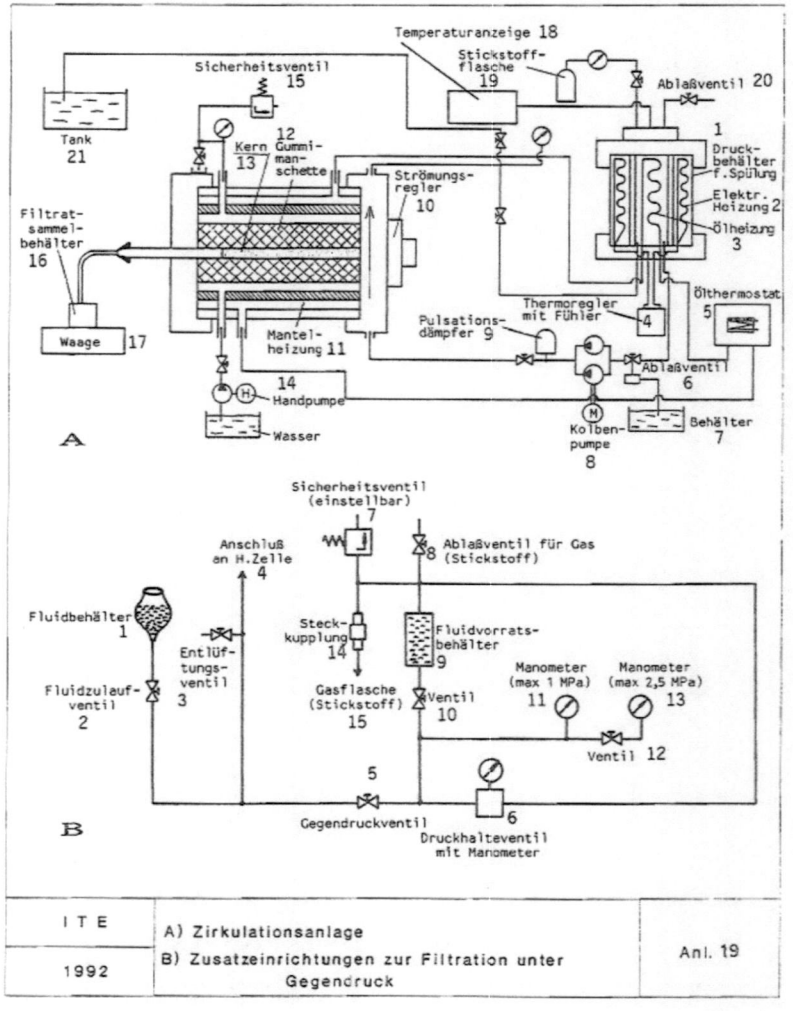

ITE	A) Zirkulationsanlage	Anl. 19
1992	B) Zusatzeinrichtungen zur Filtration unter Gegendruck	

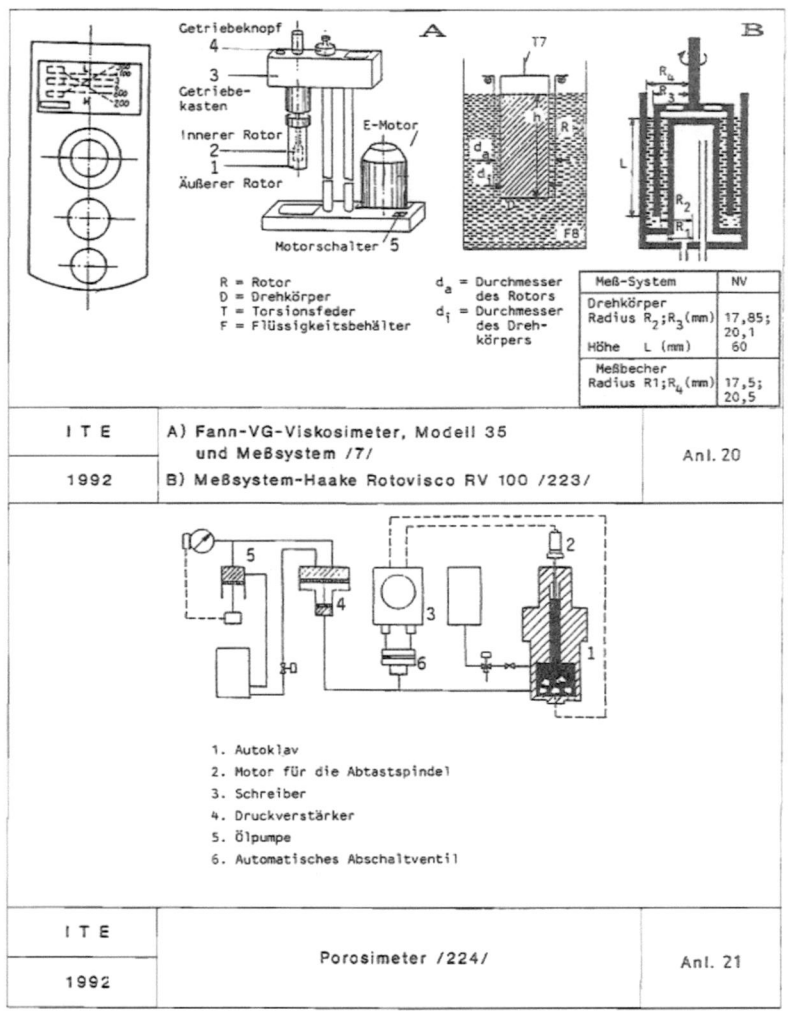

I T E	A) Fann-VG-Viskosimeter, Modell 35 und Meßsystem /7/
1992	B) Meßsystem-Haake Rotovisco RV 100 /223/

Anl. 20

1. Autoklav
2. Motor für die Abtastspindel
3. Schreiber
4. Druckverstärker
5. Ölpumpe
6. Automatisches Abschaltventil

I T E	Porosimeter /224/
1992	

Anl. 21

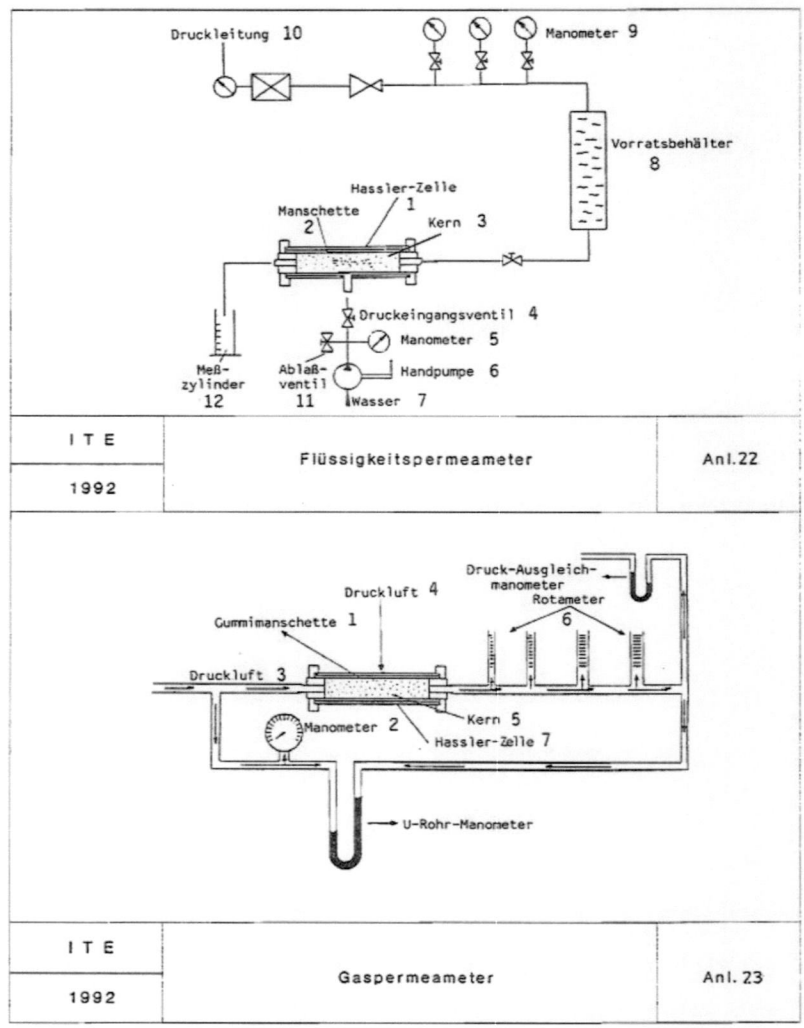

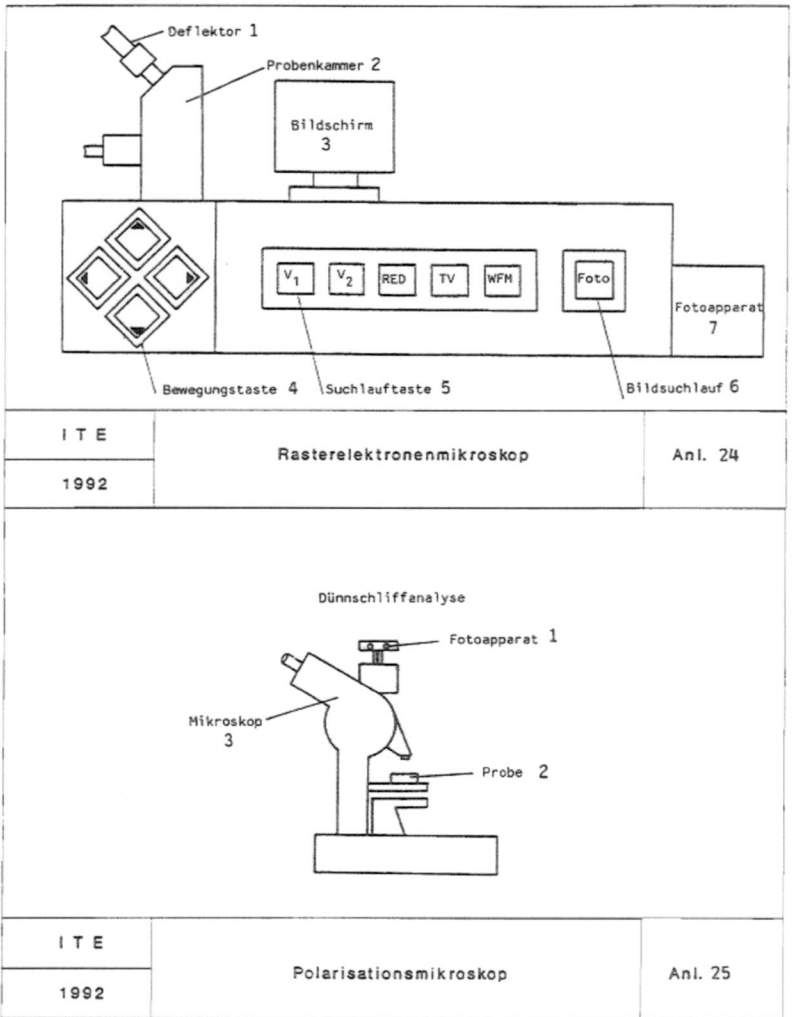

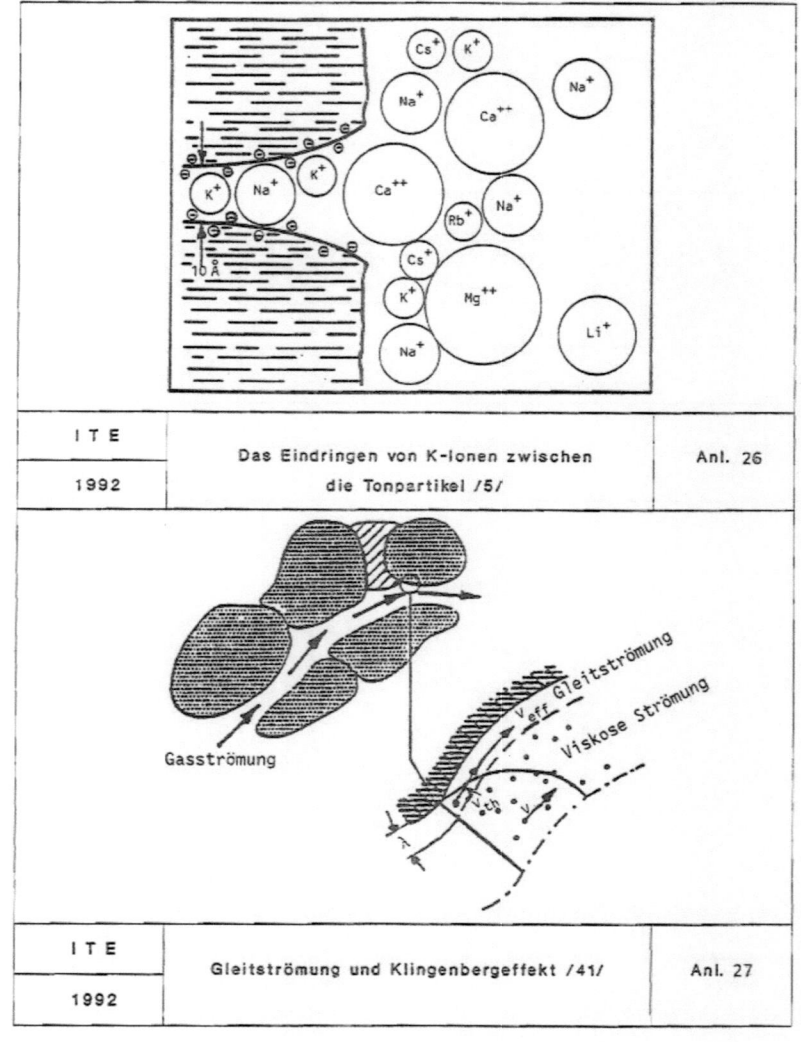

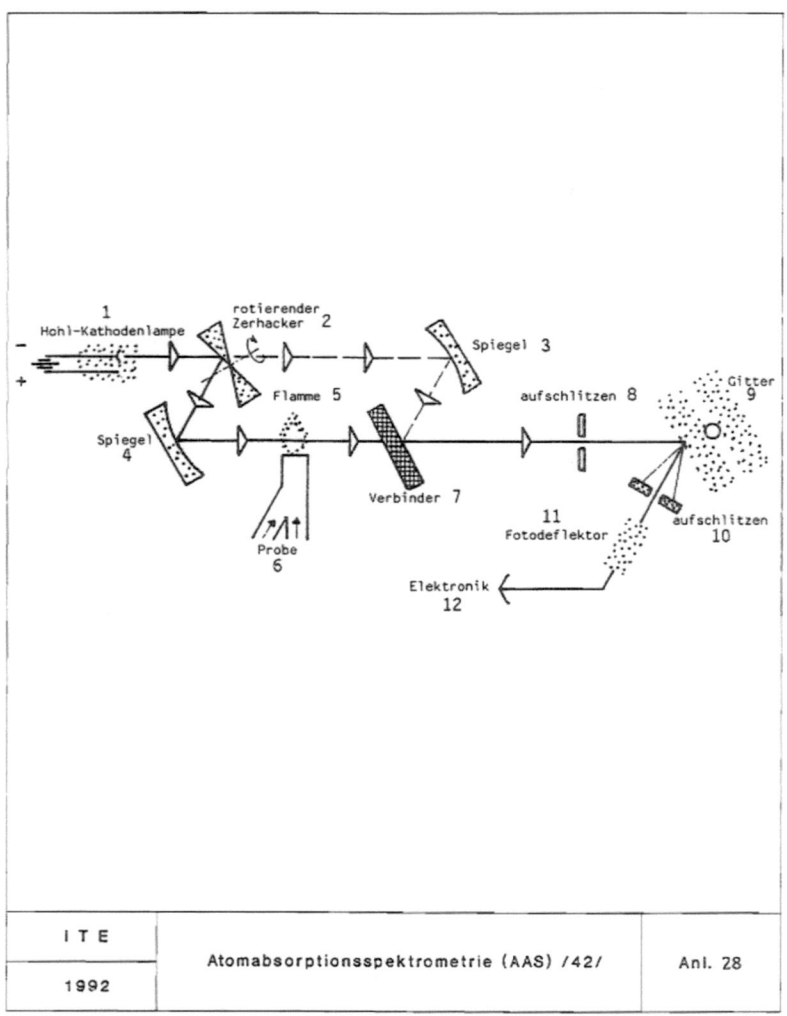

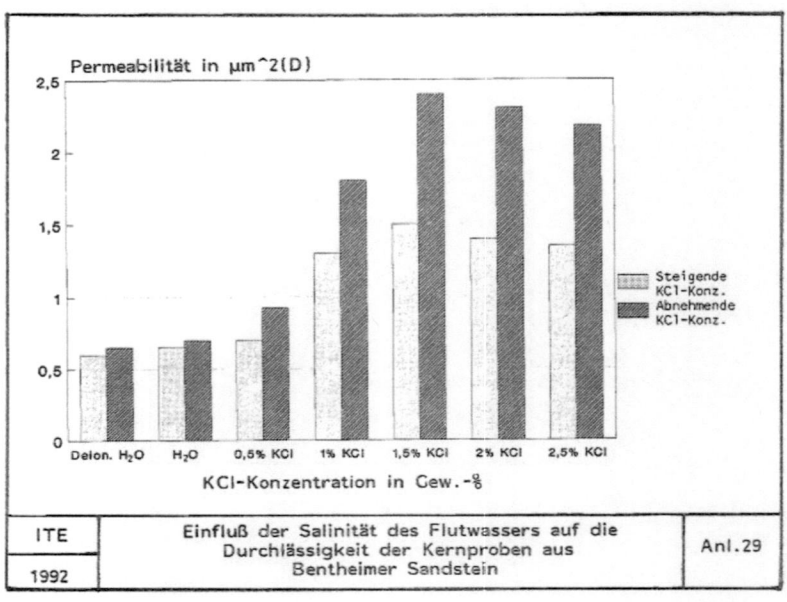

ITE	Einfluß der Salinität des Flutwassers auf die Durchlässigkeit der Kernproben aus Bentheimer Sandstein	Anl.29
1992		

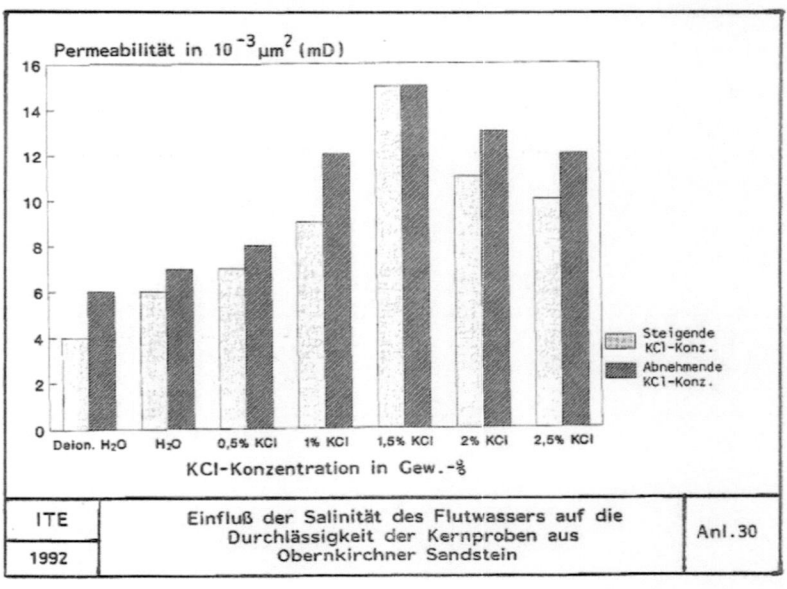

ITE	Einfluß der Salinität des Flutwassers auf die Durchlässigkeit der Kernproben aus Obernkirchner Sandstein	Anl.30
1992		

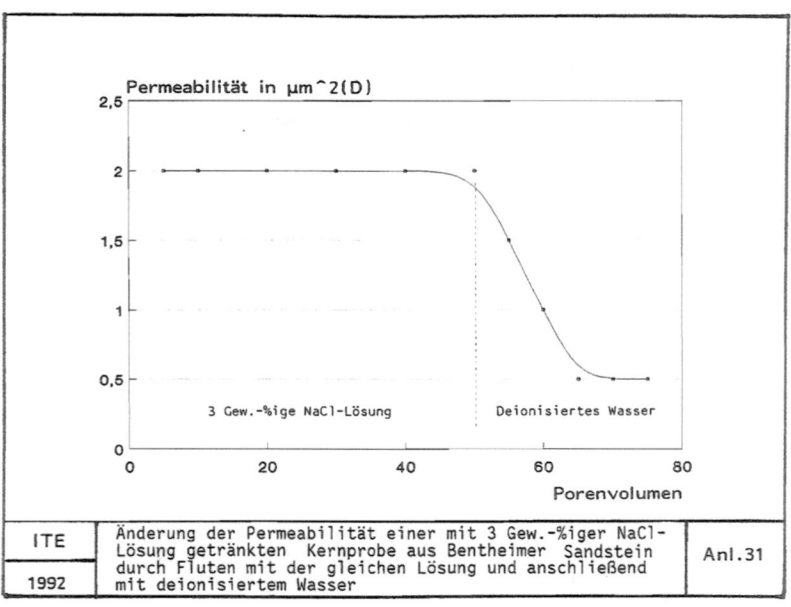

ITE	Änderung der Permeabilität einer mit 3 Gew.-%iger NaCl-Lösung getränkten Kernprobe aus Bentheimer Sandstein durch Fluten mit der gleichen Lösung und anschließend mit deionisiertem Wasser	Anl.31
1992		

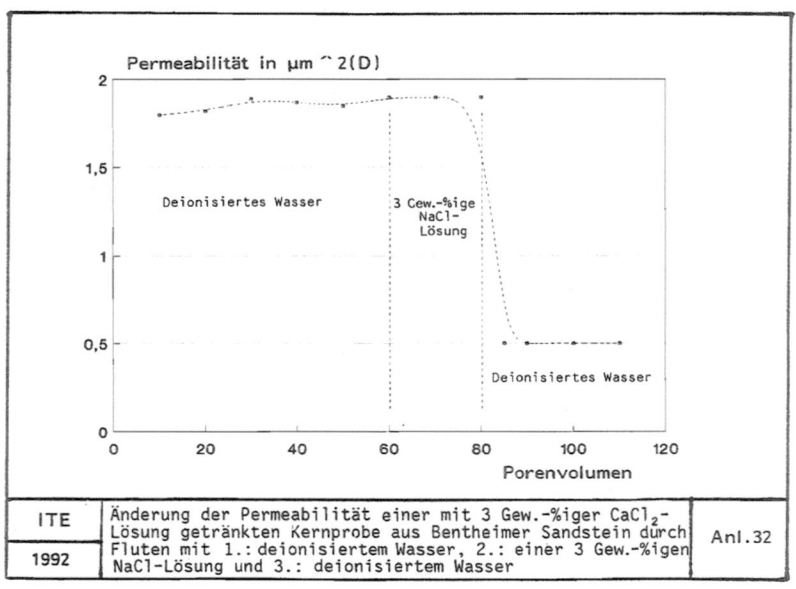

ITE	Änderung der Permeabilität einer mit 3 Gew.-%iger $CaCl_2$-Lösung getränkten Kernprobe aus Bentheimer Sandstein durch Fluten mit 1.: deionisiertem Wasser, 2.: einer 3 Gew.-%igen NaCl-Lösung und 3.: deionisiertem Wasser	Anl.32
1992		

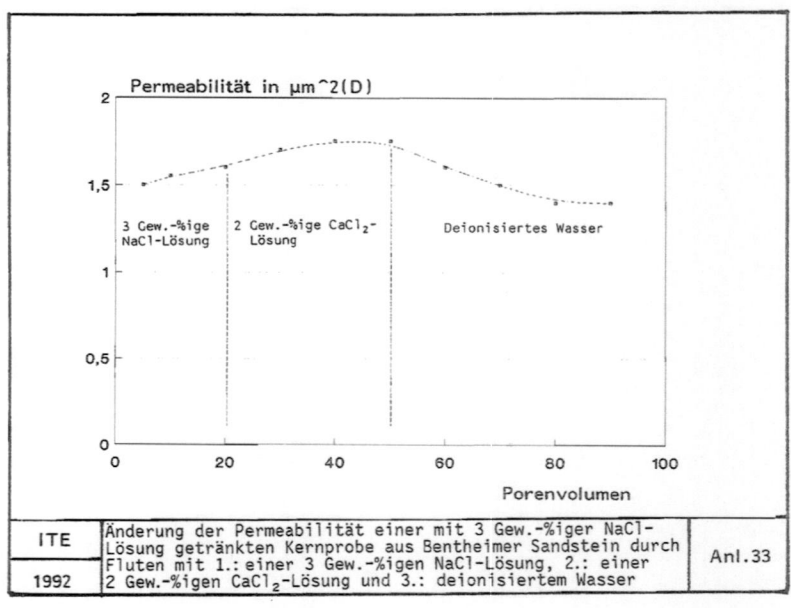

ITE	Änderung der Permeabilität einer mit 3 Gew.-%iger NaCl-Lösung getränkten Kernprobe aus Bentheimer Sandstein durch Fluten mit 1.: einer 3 Gew.-%igen NaCl-Lösung, 2.: einer 2 Gew.-%igen CaCl$_2$-Lösung und 3.: deionisiertem Wasser	Anl. 33
1992		

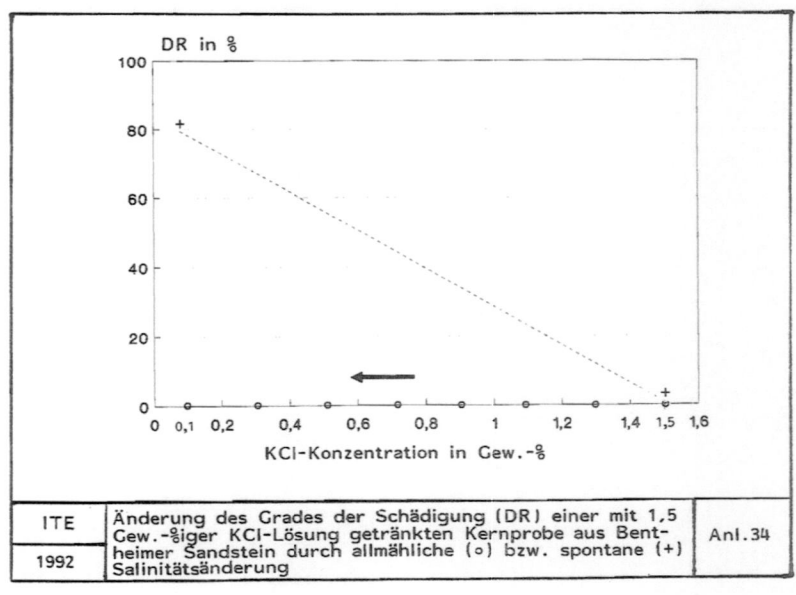

ITE	Änderung des Grades der Schädigung (DR) einer mit 1,5 Gew.-%iger KCl-Lösung getränkten Kernprobe aus Bentheimer Sandstein durch allmähliche (o) bzw. spontane (+) Salinitätsänderung	Anl. 34
1992		

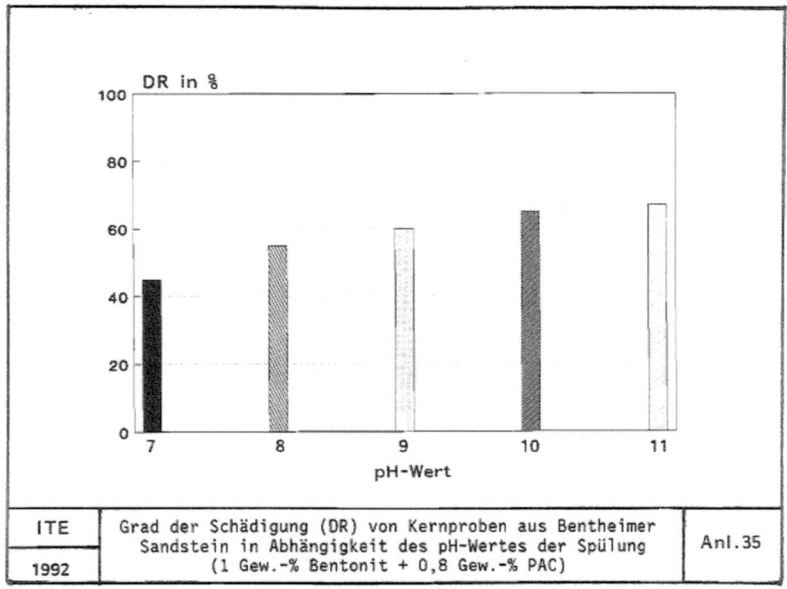

ITE	Grad der Schädigung (DR) von Kernproben aus Bentheimer Sandstein in Abhängigkeit des pH-Wertes der Spülung (1 Gew.-% Bentonit + 0,8 Gew.-% PAC)	Anl.35
1992		

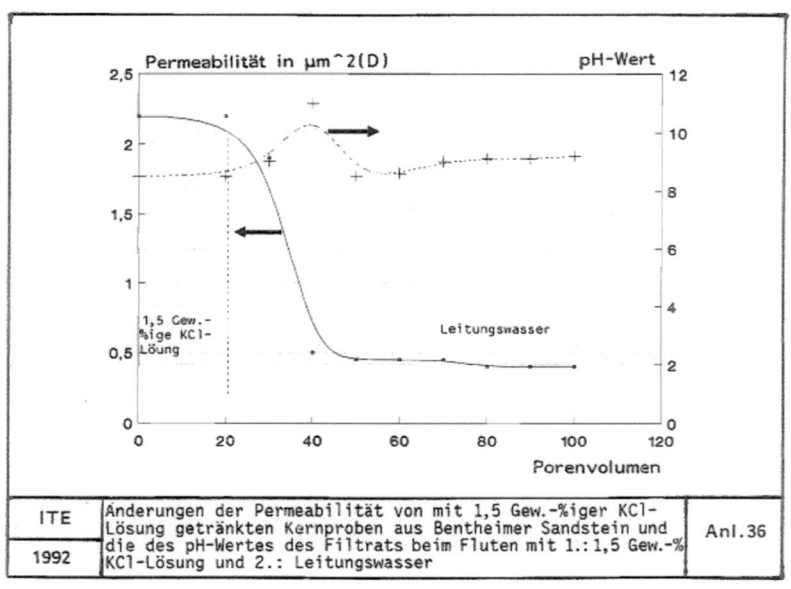

ITE	Änderungen der Permeabilität von mit 1,5 Gew.-%iger KCl-Lösung getränkten Kernproben aus Bentheimer Sandstein und die des pH-Wertes des Filtrats beim Fluten mit 1.: 1,5 Gew.-% KCl-Lösung und 2.: Leitungswasser	Anl.36
1992		

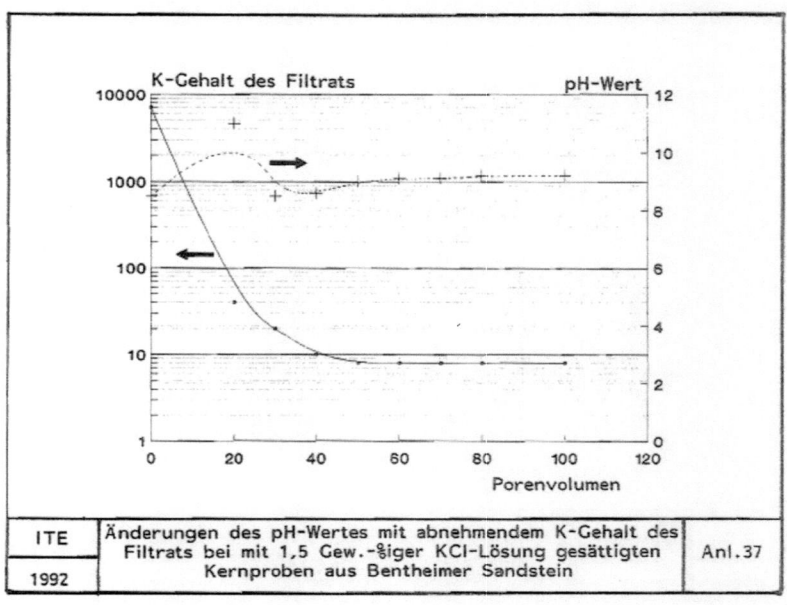

ITE	Änderungen des pH-Wertes mit abnehmendem K-Gehalt des Filtrats bei mit 1,5 Gew.-%iger KCl-Lösung gesättigten Kernproben aus Bentheimer Sandstein	Anl. 37
1992		

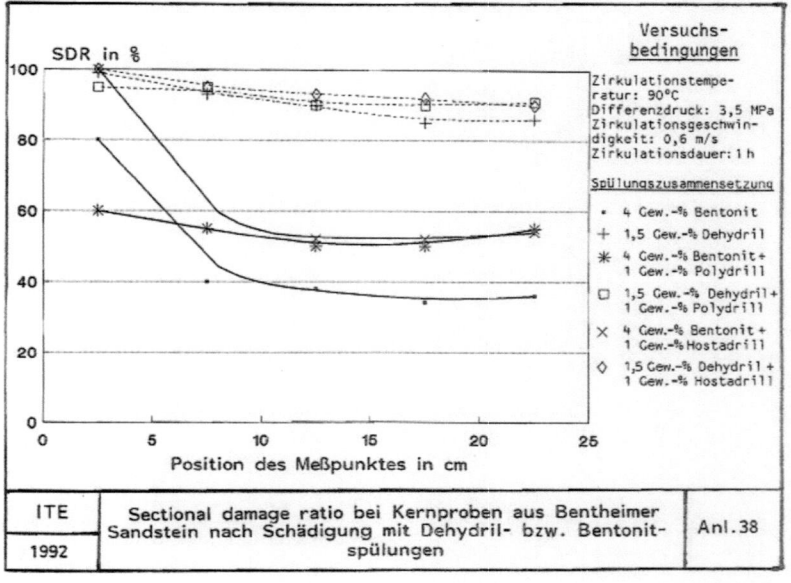

ITE	Sectional damage ratio bei Kernproben aus Bentheimer Sandstein nach Schädigung mit Dehydril- bzw. Bentonitspülungen	Anl. 38
1992		

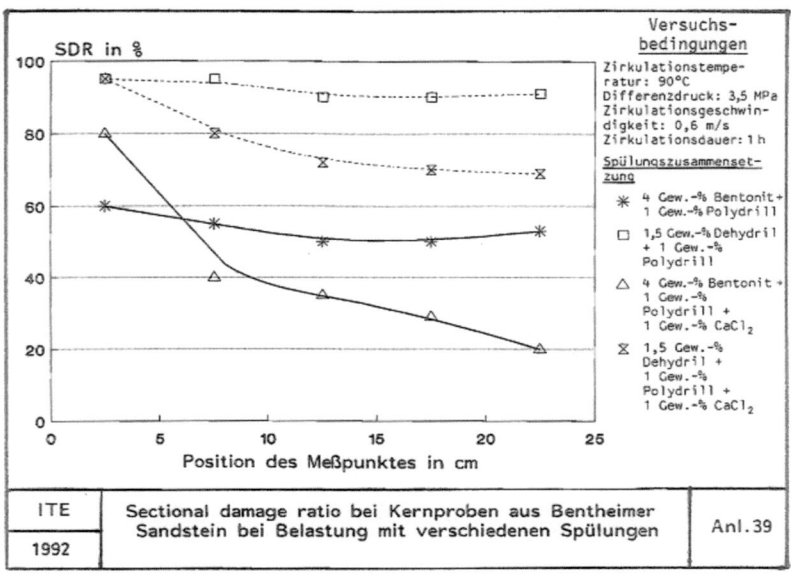

Sectional damage ratio bei Kernproben aus Bentheimer Sandstein bei Belastung mit verschiedenen Spülungen — Anl. 39

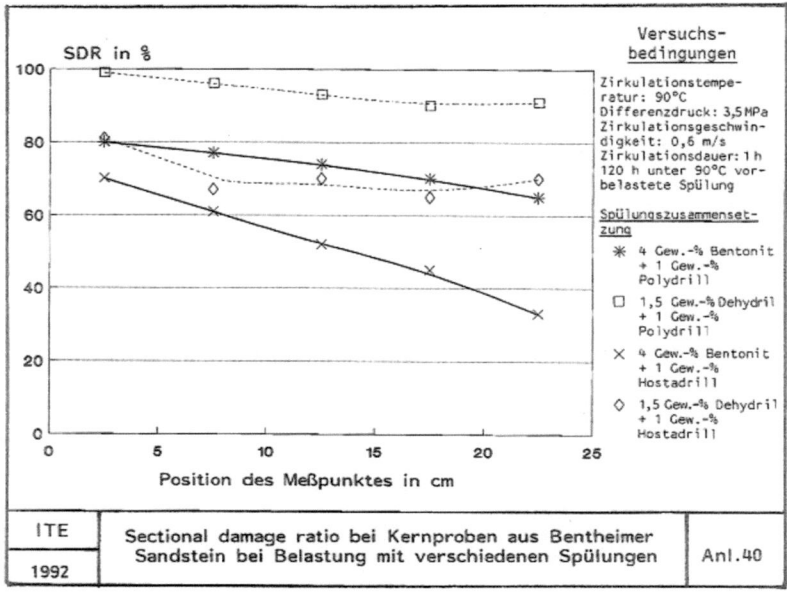

Sectional damage ratio bei Kernproben aus Bentheimer Sandstein bei Belastung mit verschiedenen Spülungen — Anl. 40

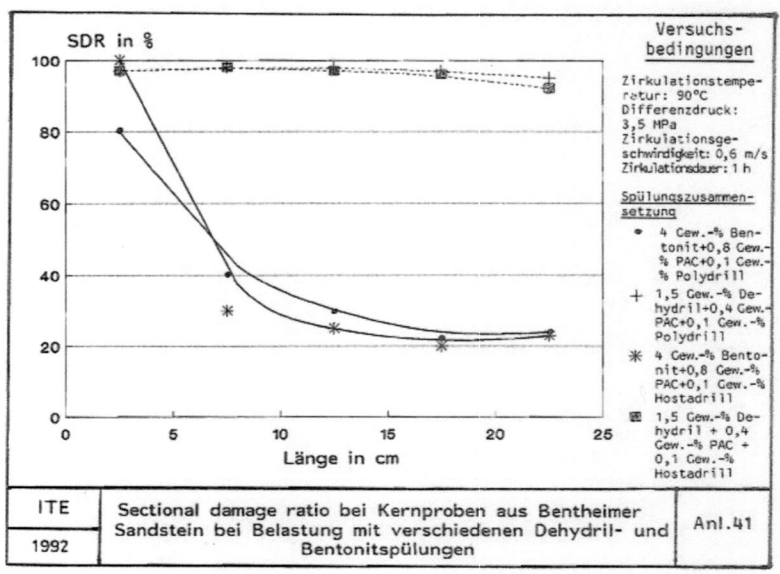

ITE 1992 — Sectional damage ratio bei Kernproben aus Bentheimer Sandstein bei Belastung mit verschiedenen Dehydril- und Bentonitspülungen — Anl.41

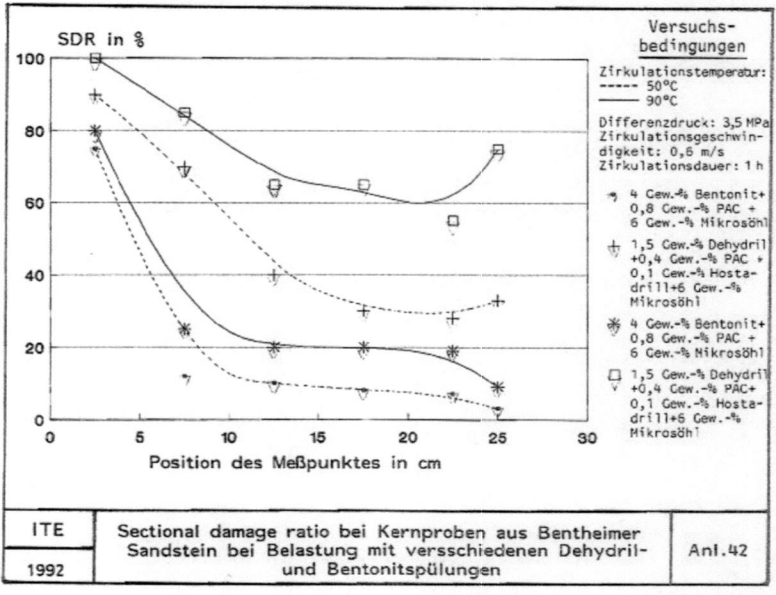

ITE 1992 — Sectional damage ratio bei Kernproben aus Bentheimer Sandstein bei Belastung mit versschiedenen Dehydril- und Bentonitspülungen — Anl.42

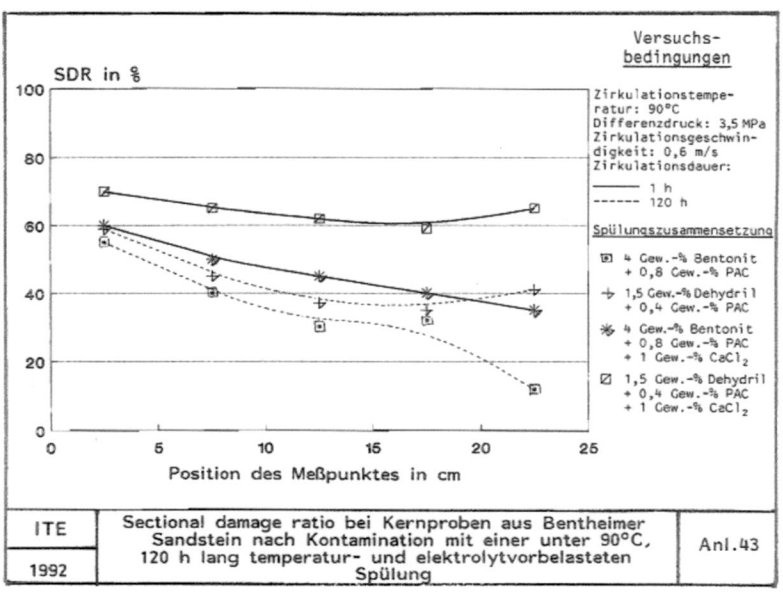

Sectional damage ratio bei Kernproben aus Bentheimer Sandstein nach Kontamination mit einer unter 90°C, 120 h lang temperatur- und elektrolytvorbelasteten Spülung

ITE 1992 — Anl. 43

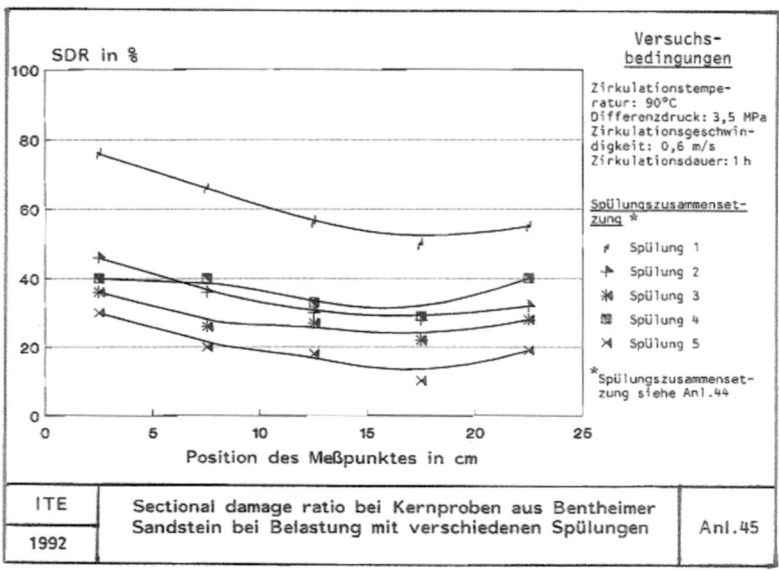

Sectional damage ratio bei Kernproben aus Bentheimer Sandstein bei Belastung mit verschiedenen Spülungen

ITE 1992 — Anl. 45

Fluid-Nr.	Tone	Polymere						Feststoffe						Salze		
	Tixoton	PAC (l.v.)	PAC (h.v.)	Stärke	XC	Antisol FL-30	HEC	Mikrosöhl	Texkreide	Calcidar 40	DS-20	MgO	Bohrklein	K-Acetat	Gips	NaCl
1	10	10												2,5		
2	10	10						157						2,5		
3	10	10													2,9	
4	10	10											100		2,9	
5		10	2,5					178						2,5		
6				30	1							30				
7					1	30						30				
8					1		8							2,5		
9					1		8							15		
10					1		8	178						2,5		
11					1		8	178						15		
12		10	2,5								157					
13					1		8	157								30
14					1		8		157							30
15					1		8						100			30
16		10						117,6	39,4							30

Bestandteile in g/l

ITE 1992 — Zusammensetzung der eingesetzten Spülungen — Anl. 44

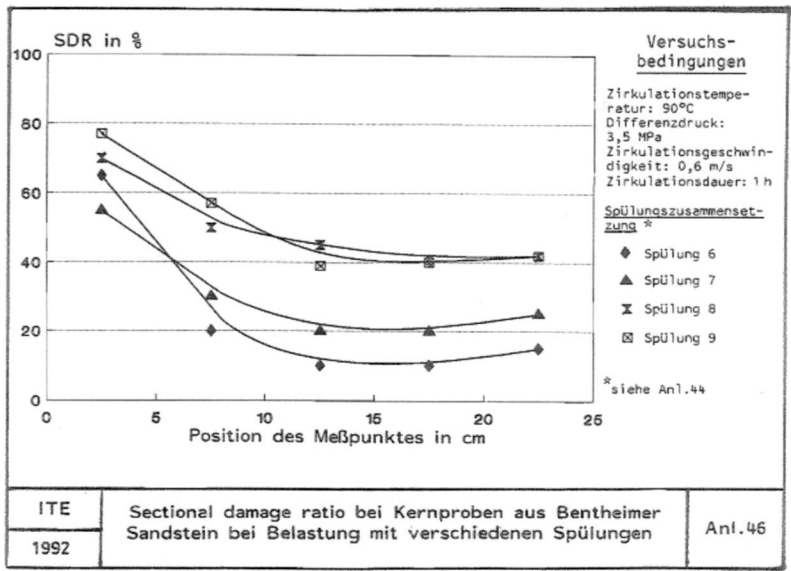

Sectional damage ratio bei Kernproben aus Bentheimer Sandstein bei Belastung mit verschiedenen Spülungen — Anl.46

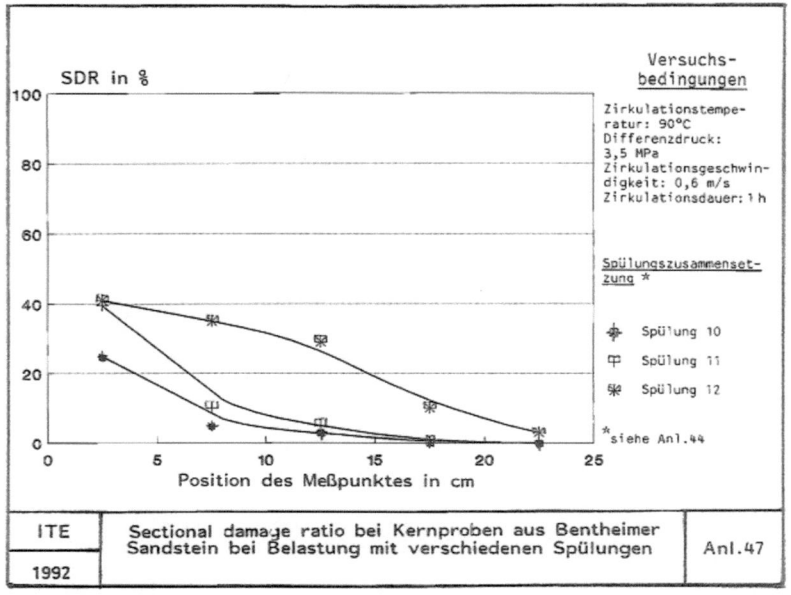

Sectional damage ratio bei Kernproben aus Bentheimer Sandstein bei Belastung mit verschiedenen Spülungen — Anl.47

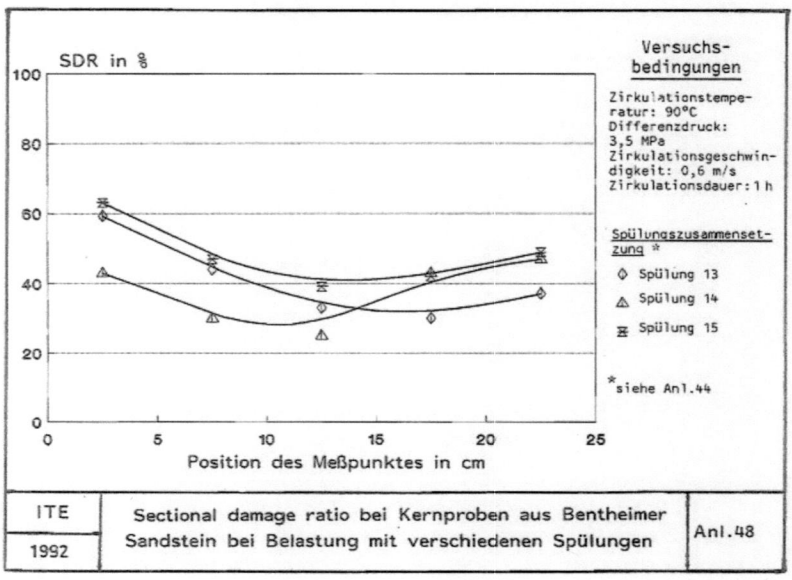

ITE	Sectional damage ratio bei Kernproben aus Bentheimer Sandstein bei Belastung mit verschiedenen Spülungen	Anl.48
1992		

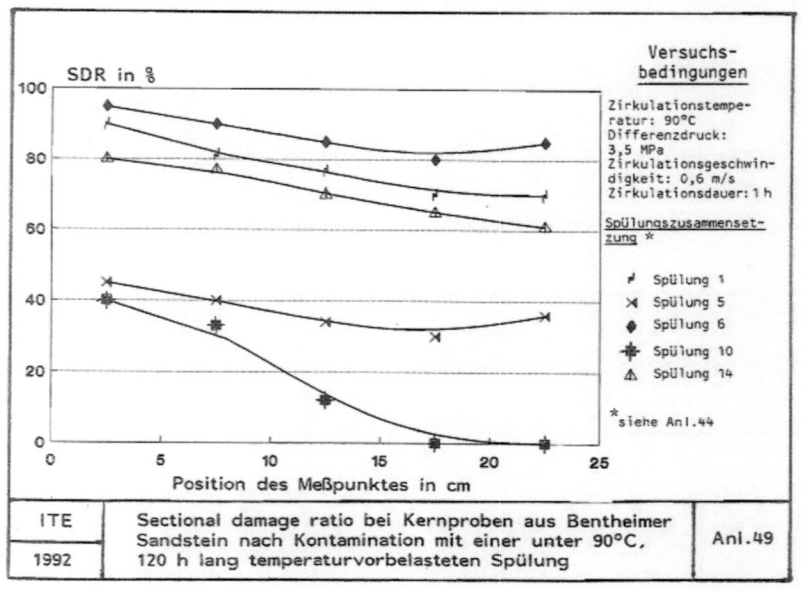

ITE	Sectional damage ratio bei Kernproben aus Bentheimer Sandstein nach Kontamination mit einer unter 90°C, 120 h lang temperaturvorbelasteten Spülung	Anl.49
1992		

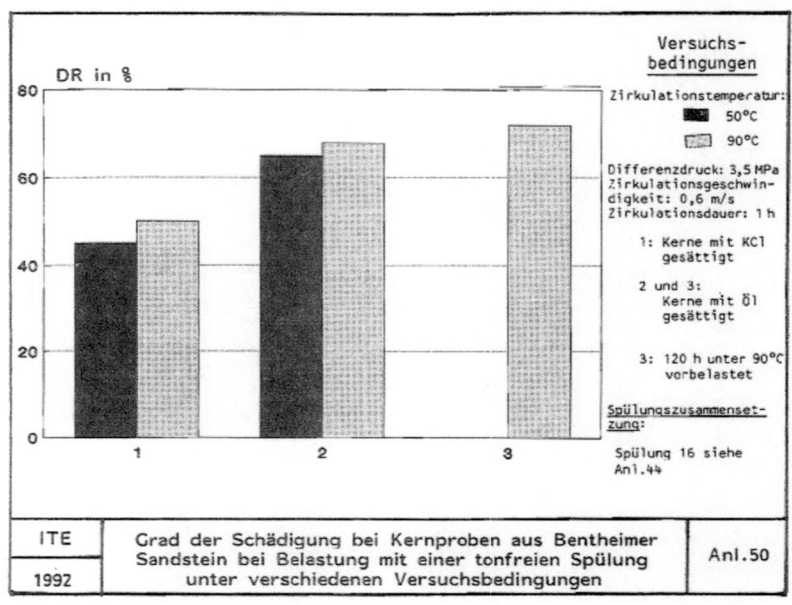

ITE	Grad der Schädigung bei Kernproben aus Bentheimer Sandstein bei Belastung mit einer tonfreien Spülung unter verschiedenen Versuchsbedingungen	Anl.50
1992		

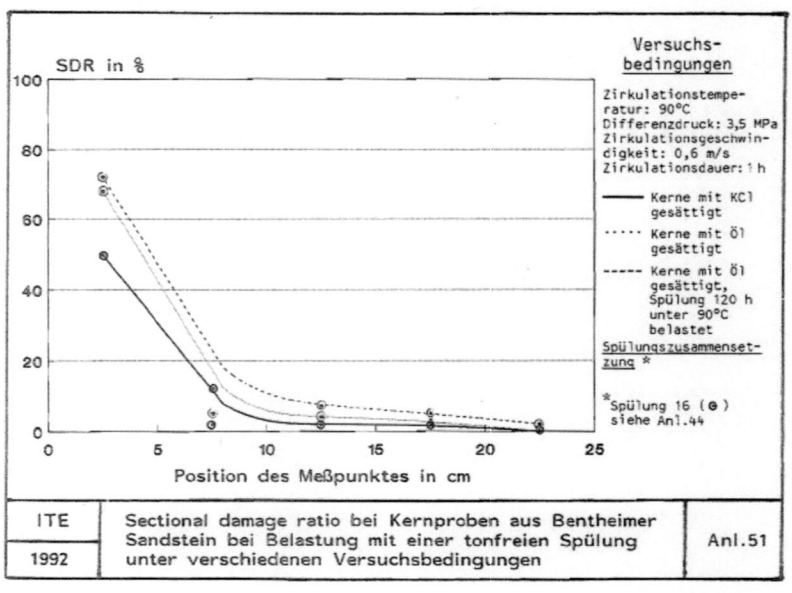

ITE	Sectional damage ratio bei Kernproben aus Bentheimer Sandstein bei Belastung mit einer tonfreien Spülung unter verschiedenen Versuchsbedingungen	Anl.51
1992		

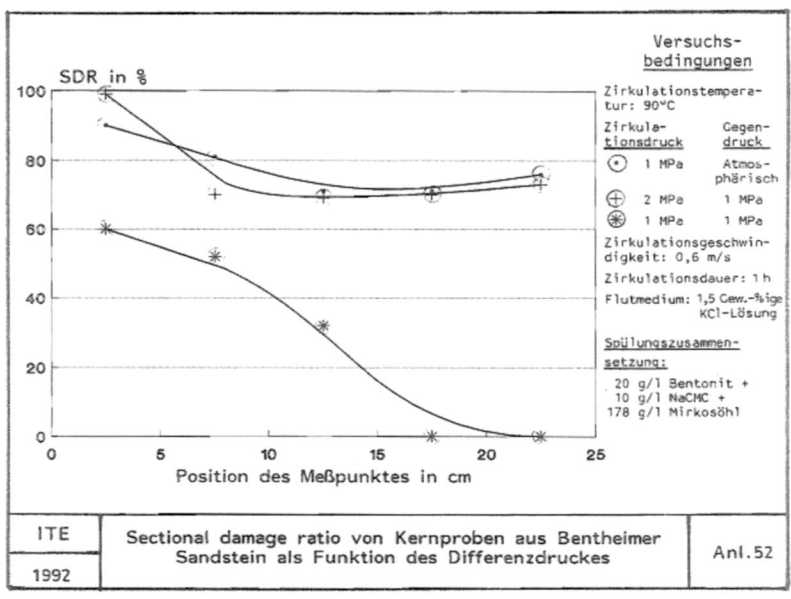

Sectional damage ratio von Kernproben aus Bentheimer Sandstein als Funktion des Differenzdruckes — Anl. 52

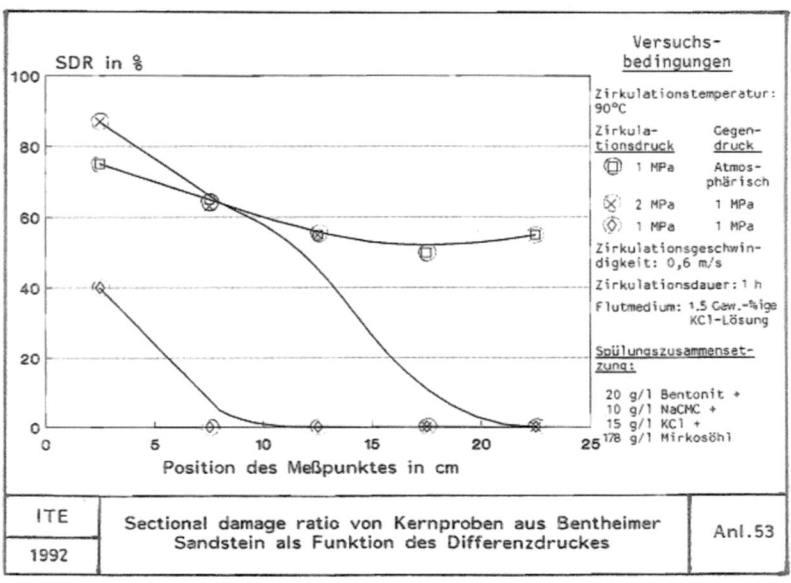

Sectional damage ratio von Kernproben aus Bentheimer Sandstein als Funktion des Differenzdruckes — Anl. 53

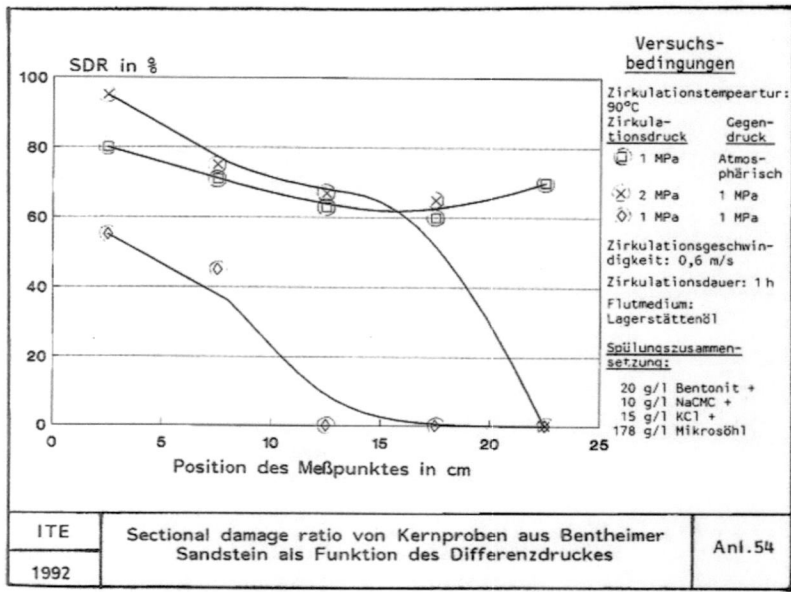

Sectional damage ratio von Kernproben aus Bentheimer Sandstein als Funktion des Differenzdruckes

Anl. 54

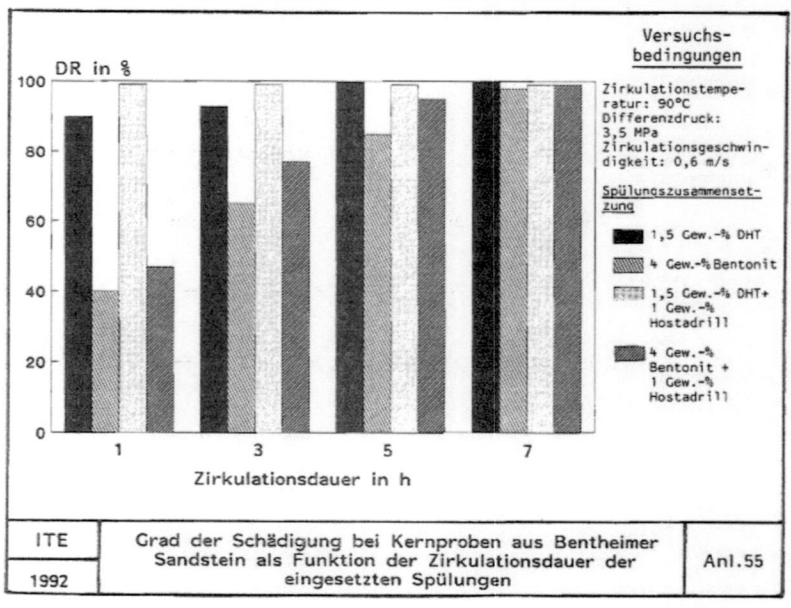

Grad der Schädigung bei Kernproben aus Bentheimer Sandstein als Funktion der Zirkulationsdauer der eingesetzten Spülungen

Anl. 55

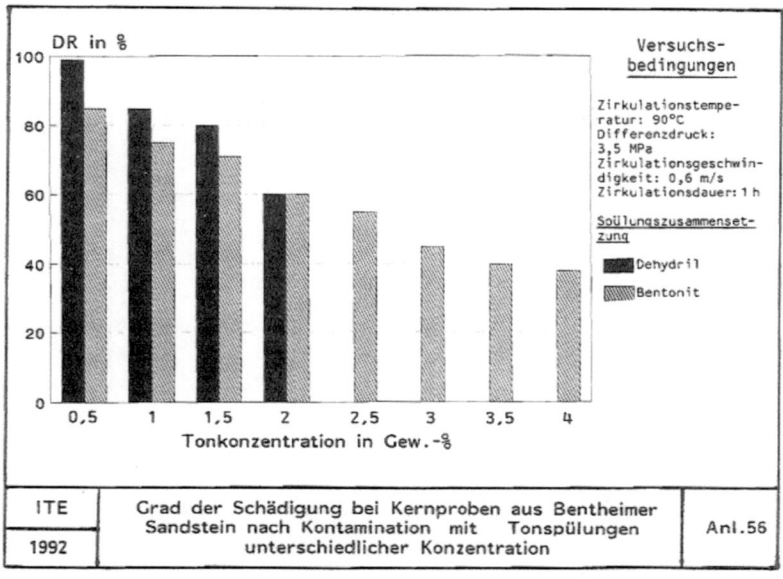

ITE	Grad der Schädigung bei Kernproben aus Bentheimer Sandstein nach Kontamination mit Tonspülungen unterschiedlicher Konzentration	Anl.56
1992		

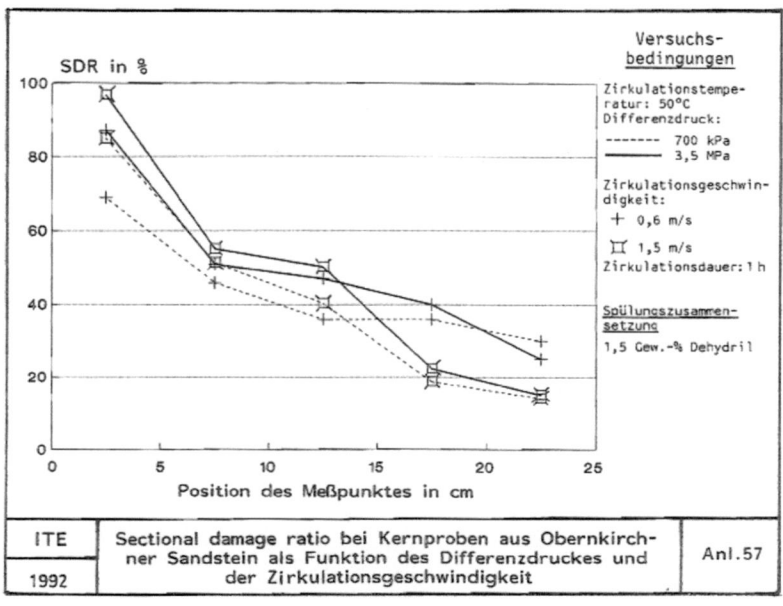

ITE	Sectional damage ratio bei Kernproben aus Obernkirchner Sandstein als Funktion des Differenzdruckes und der Zirkulationsgeschwindigkeit	Anl.57
1992		

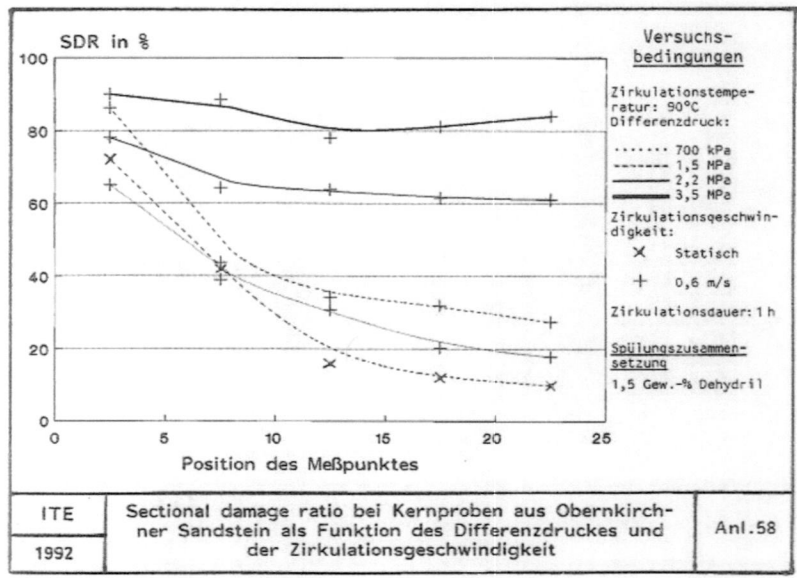

Anl.58 — Sectional damage ratio bei Kernproben aus Obernkirchner Sandstein als Funktion des Differenzdruckes und der Zirkulationsgeschwindigkeit (ITE 1992)

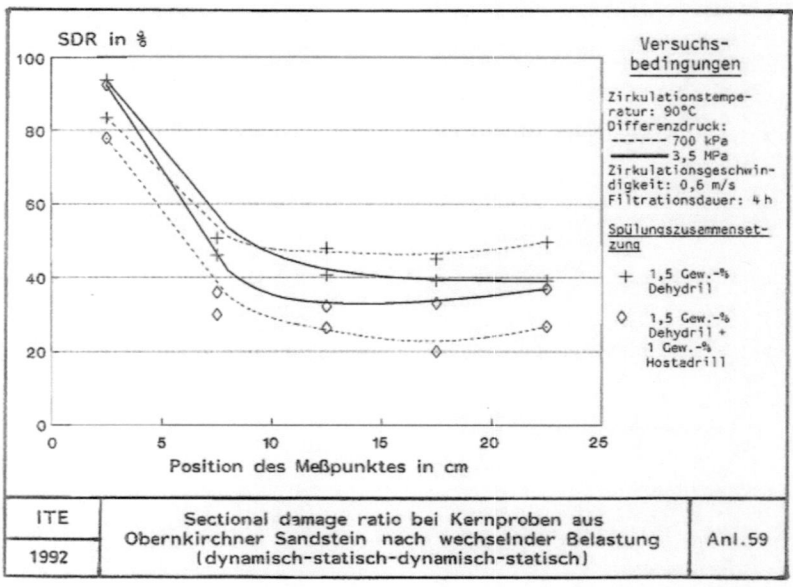

Anl.59 — Sectional damage ratio bei Kernproben aus Obernkirchner Sandstein nach wechselnder Belastung (dynamisch-statisch-dynamisch-statisch) (ITE 1992)

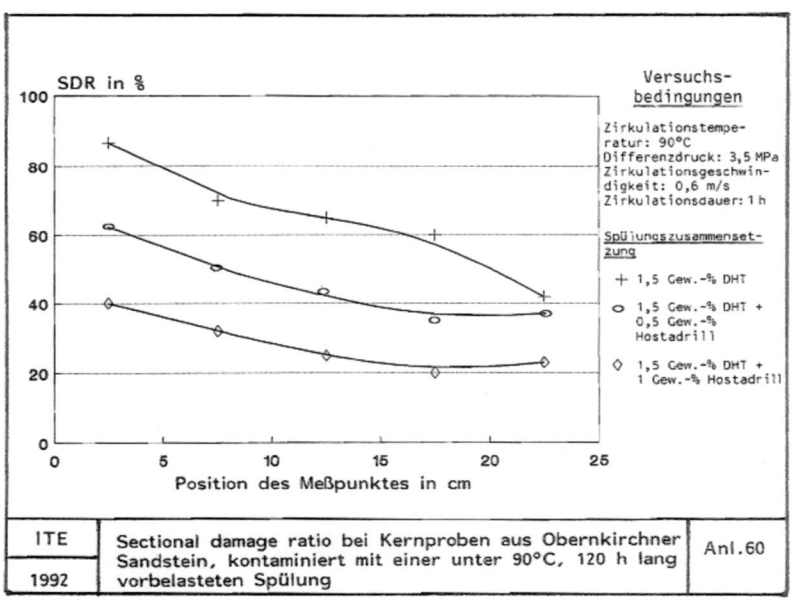

ITE	Sectional damage ratio bei Kernproben aus Obernkirchner Sandstein, kontaminiert mit einer unter 90°C, 120 h lang vorbelasteten Spülung	Anl.60
1992		

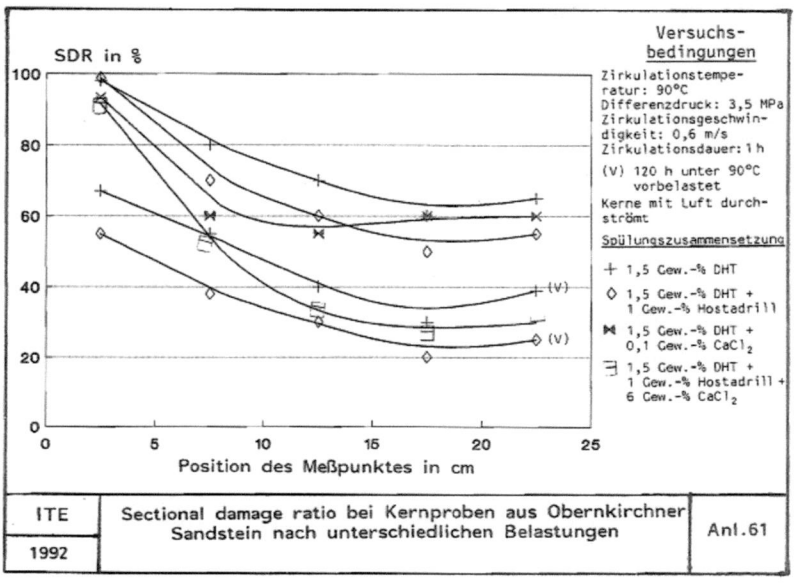

ITE	Sectional damage ratio bei Kernproben aus Obernkirchner Sandstein nach unterschiedlichen Belastungen	Anl.61
1992		

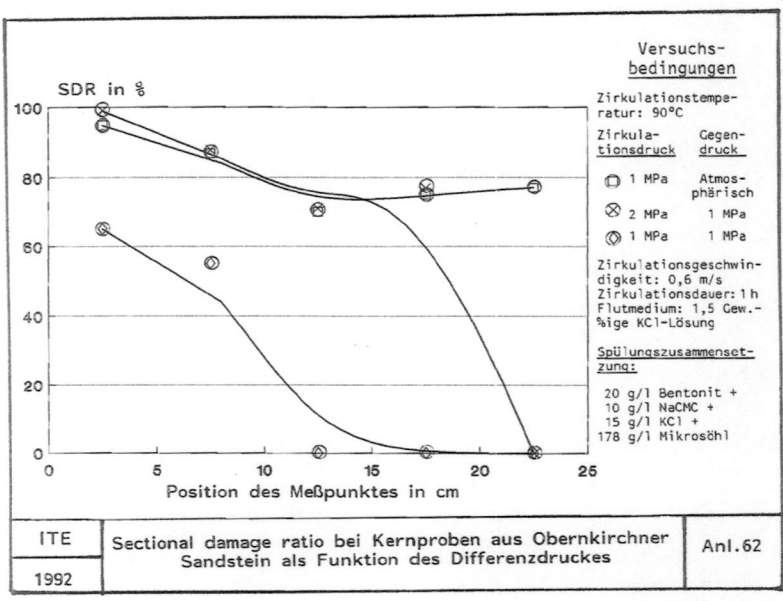

Sectional damage ratio bei Kernproben aus Obernkirchner Sandstein als Funktion des Differenzdruckes — Anl. 62

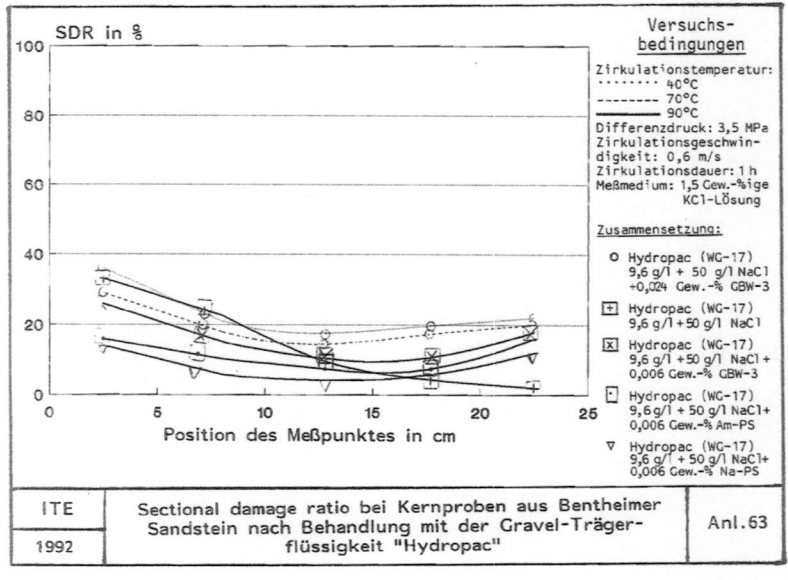

Sectional damage ratio bei Kernproben aus Bentheimer Sandstein nach Behandlung mit der Gravel-Trägerflüssigkeit "Hydropac" — Anl. 63

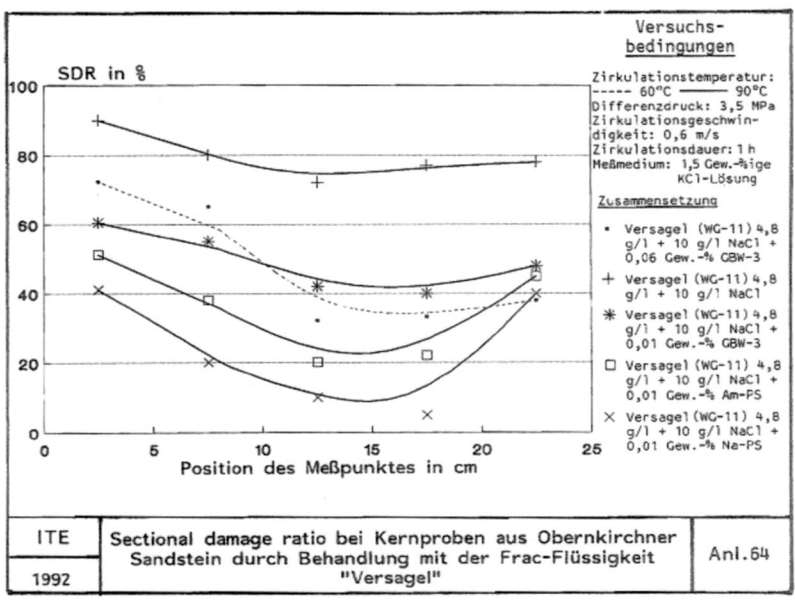

ITE	Sectional damage ratio bei Kernproben aus Obernkirchner Sandstein durch Behandlung mit der Frac-Flüssigkeit "Versagel"	Anl.64
1992		

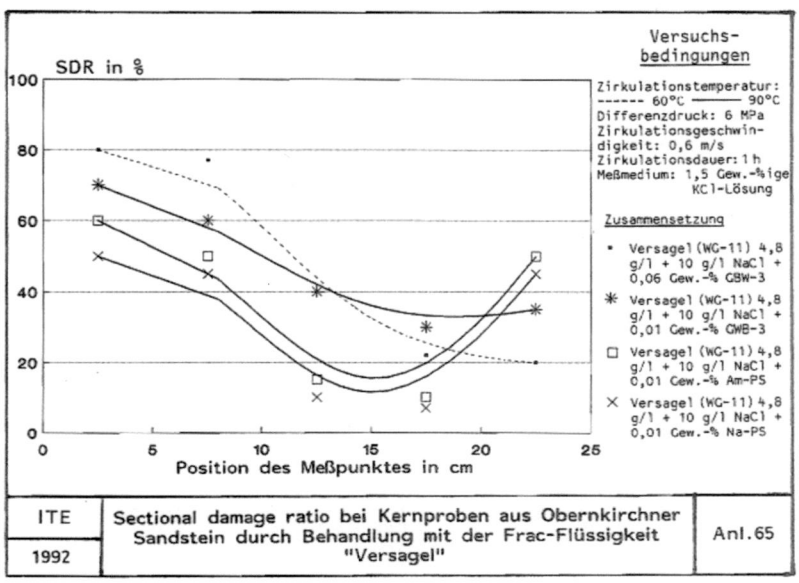

ITE	Sectional damage ratio bei Kernproben aus Obernkirchner Sandstein durch Behandlung mit der Frac-Flüssigkeit "Versagel"	Anl.65
1992		

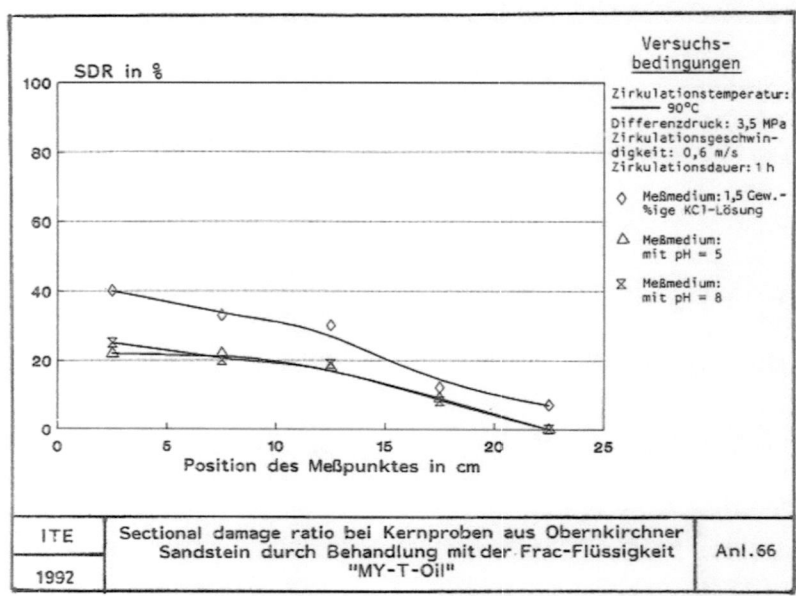

ITE	Sectional damage ratio bei Kernproben aus Obernkirchner Sandstein durch Behandlung mit der Frac-Flüssigkeit "MY-T-Oil"	Anl. 66
1992		

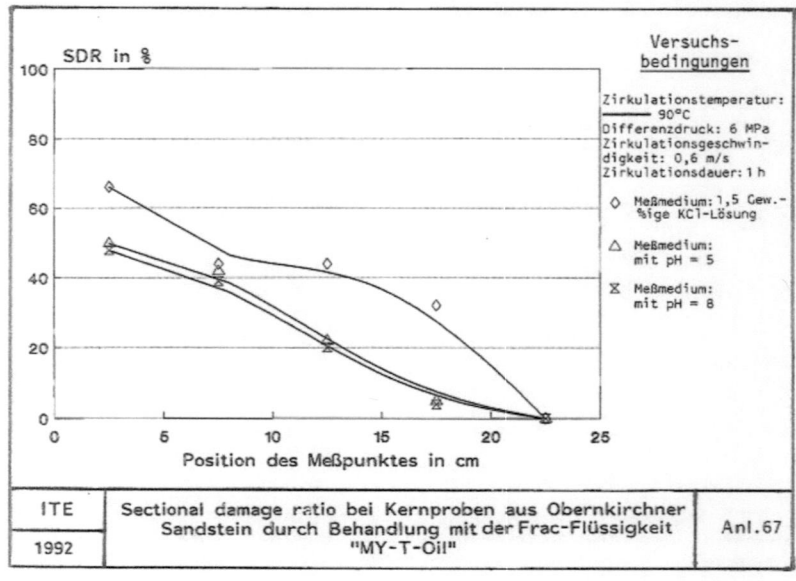

ITE	Sectional damage ratio bei Kernproben aus Obernkirchner Sandstein durch Behandlung mit der Frac-Flüssigkeit "MY-T-Oil"	Anl. 67
1992		

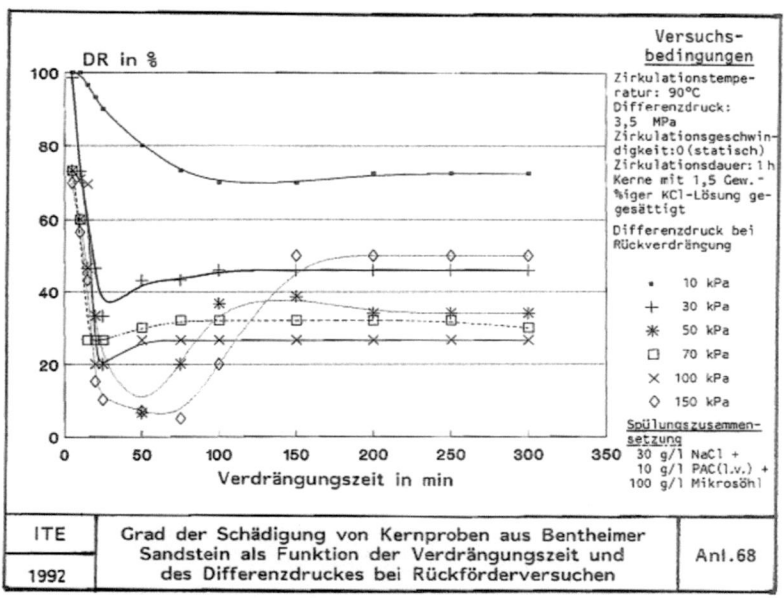

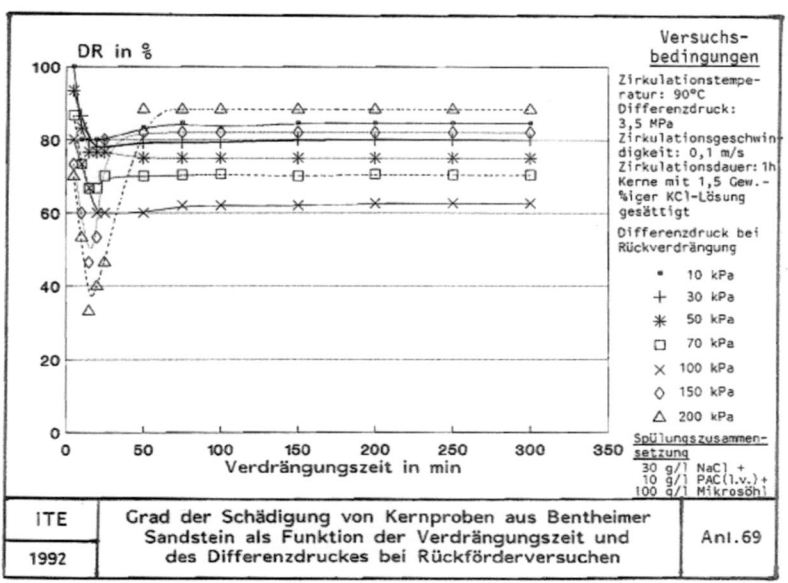

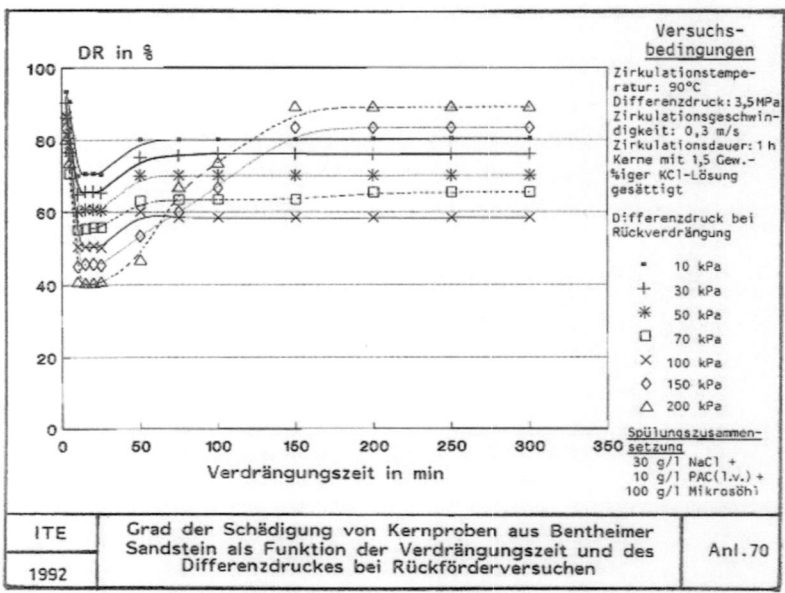

ITE	Grad der Schädigung von Kernproben aus Bentheimer Sandstein als Funktion der Verdrängungszeit und des Differenzdruckes bei Rückförderversuchen	Anl. 70
1992		

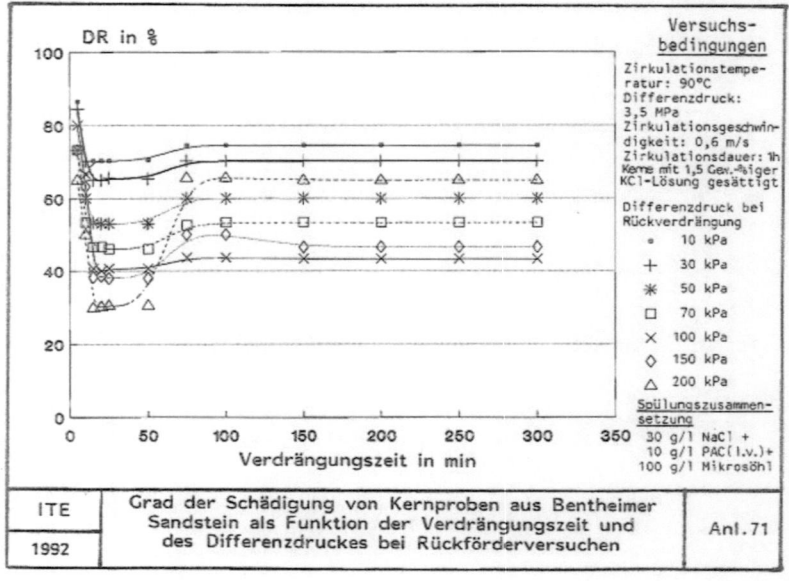

ITE	Grad der Schädigung von Kernproben aus Bentheimer Sandstein als Funktion der Verdrängungszeit und des Differenzdruckes bei Rückförderversuchen	Anl. 71
1992		

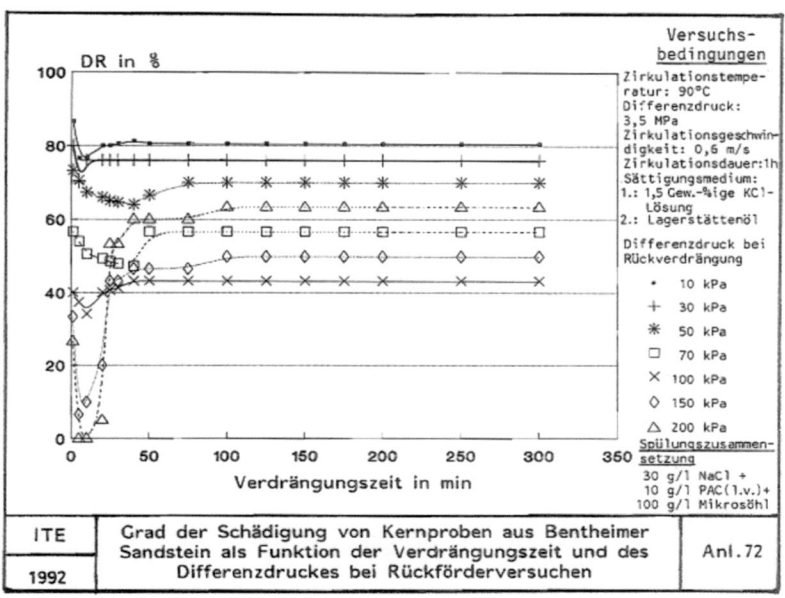

ITE	Grad der Schädigung von Kernproben aus Bentheimer Sandstein als Funktion der Verdrängungszeit und des Differenzdruckes bei Rückförderversuchen	Anl.72
1992		

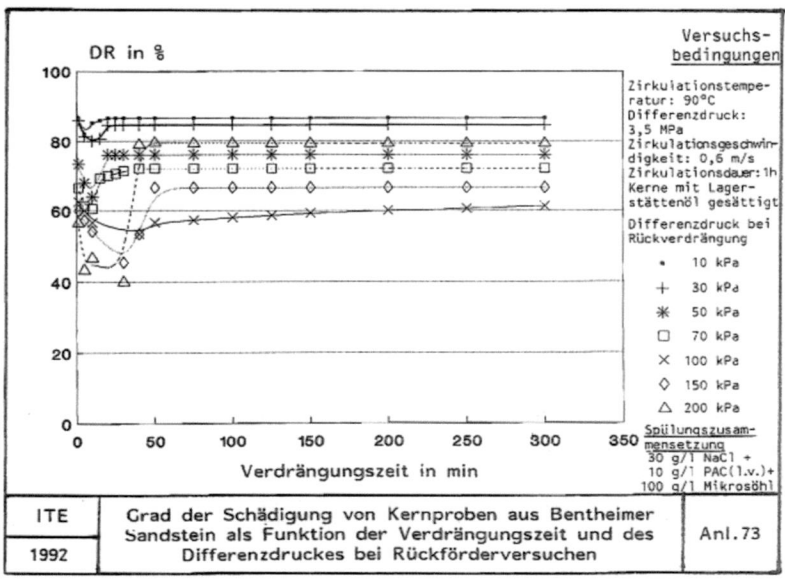

ITE	Grad der Schädigung von Kernproben aus Bentheimer Sandstein als Funktion der Verdrängungszeit und des Differenzdruckes bei Rückförderversuchen	Anl.73
1992		

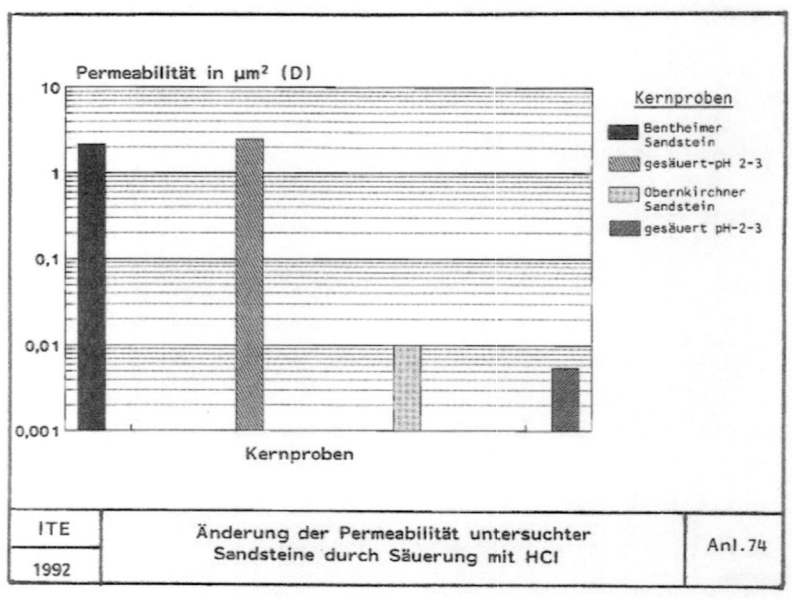

ITE	Änderung der Permeabilität untersuchter Sandsteine durch Säuerung mit HCl	Anl. 74
1992		

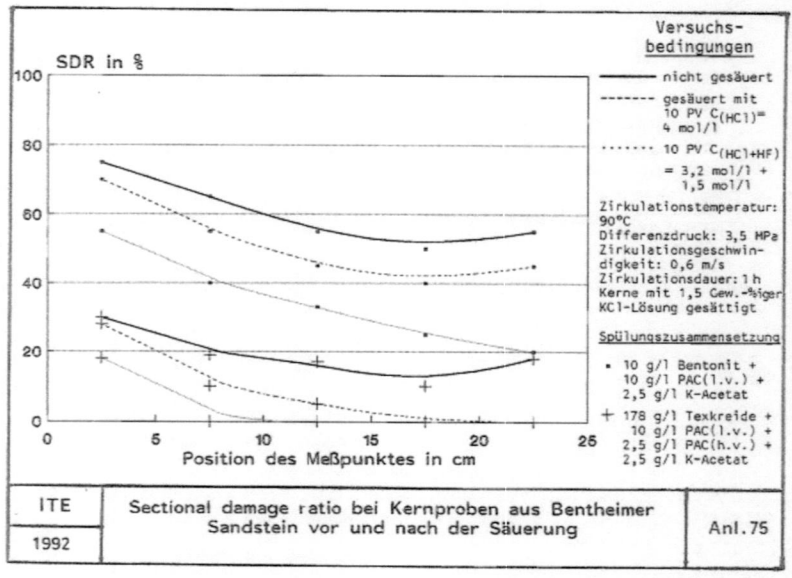

ITE	Sectional damage ratio bei Kernproben aus Bentheimer Sandstein vor und nach der Säuerung	Anl. 75
1992		

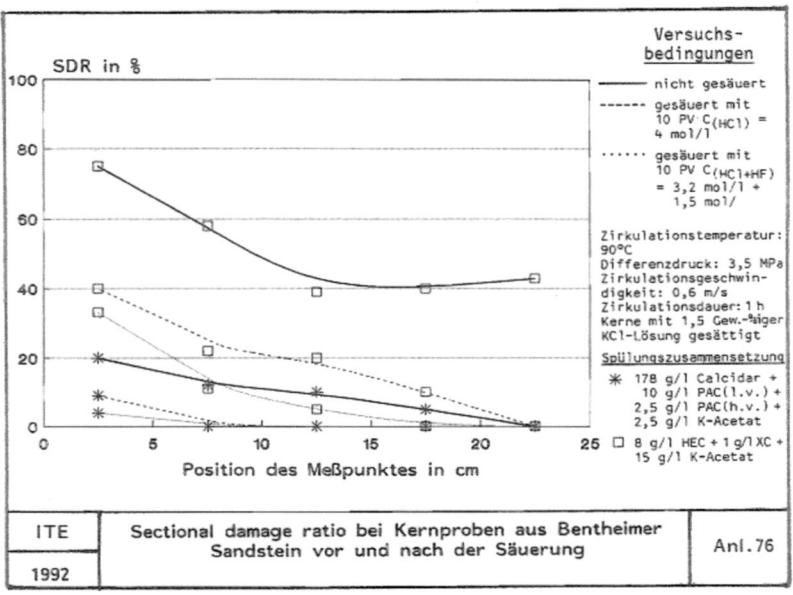

Sectional damage ratio bei Kernproben aus Bentheimer Sandstein vor und nach der Säuerung — Anl. 76

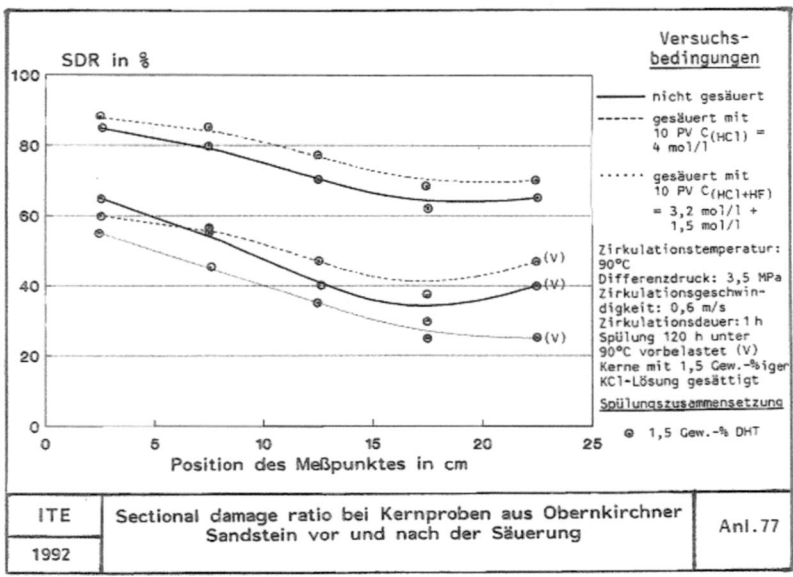

Sectional damage ratio bei Kernproben aus Obernkirchner Sandstein vor und nach der Säuerung — Anl. 77

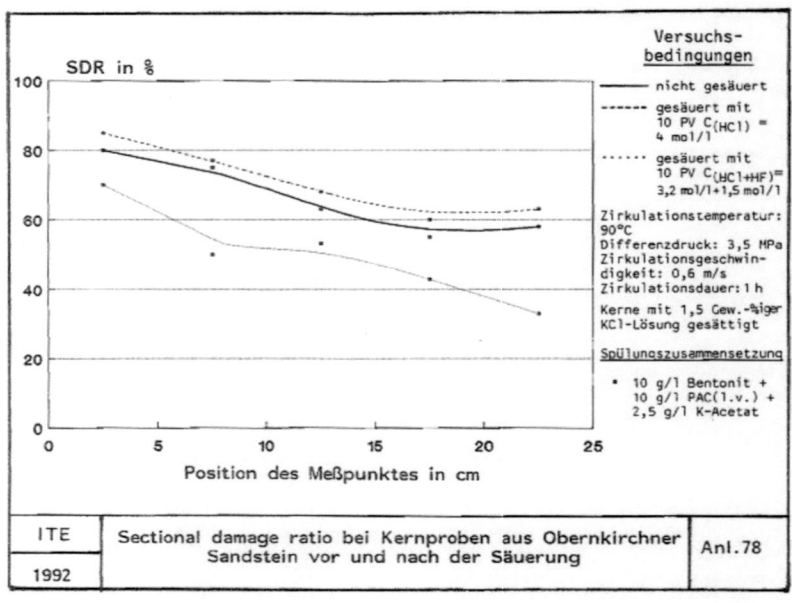

ITE	Sectional damage ratio bei Kernproben aus Obernkirchner Sandstein vor und nach der Säuerung	Anl.78
1992		

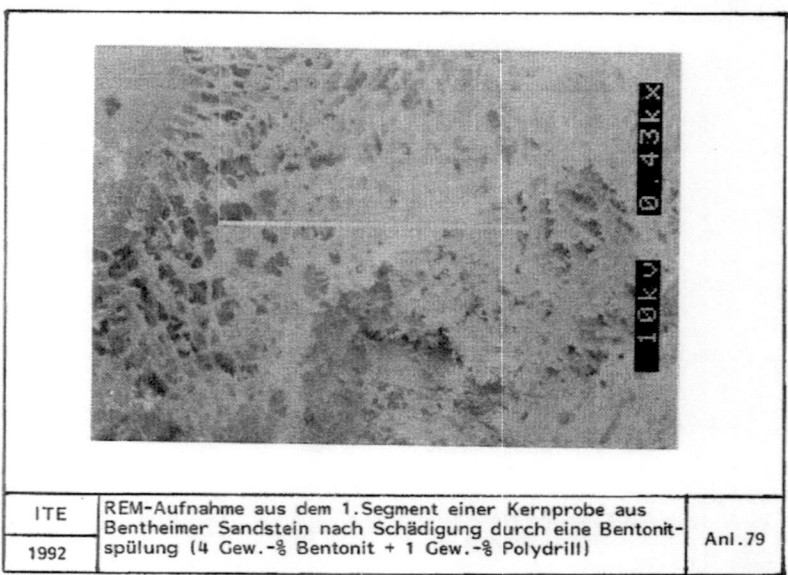

ITE	REM-Aufnahme aus dem 1.Segment einer Kernprobe aus Bentheimer Sandstein nach Schädigung durch eine Bentonitspülung (4 Gew.-% Bentonit + 1 Gew.-% Polydrill)	Anl.79
1992		

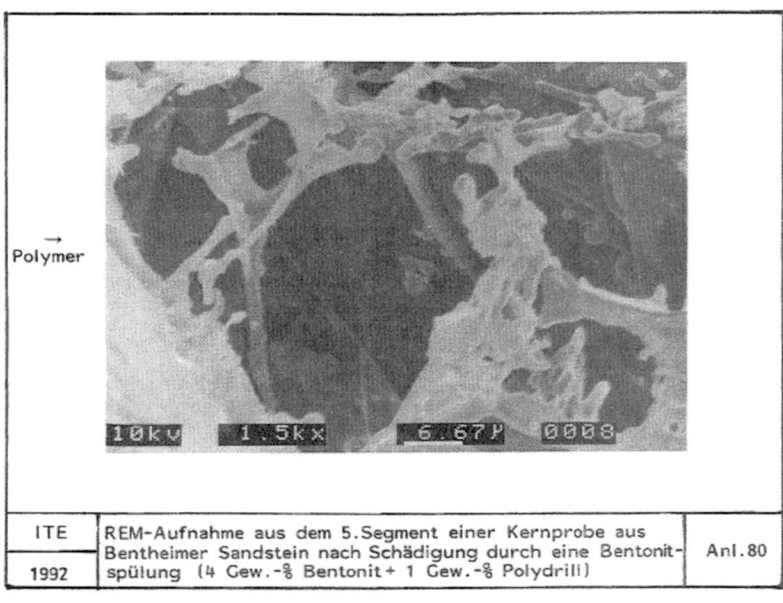

ITE	REM-Aufnahme aus dem 5.Segment einer Kernprobe aus Bentheimer Sandstein nach Schädigung durch eine Bentonit- spülung (4 Gew.-% Bentonit + 1 Gew.-% Polydrill)	Anl.80
1992		

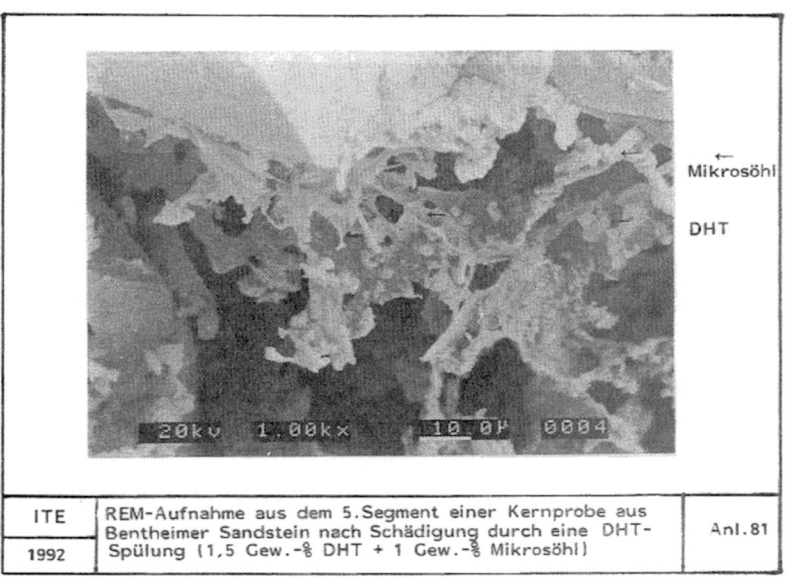

ITE	REM-Aufnahme aus dem 5.Segment einer Kernprobe aus Bentheimer Sandstein nach Schädigung durch eine DHT- Spülung (1,5 Gew.-% DHT + 1 Gew.-% Mikrosöhl)	Anl.81
1992		

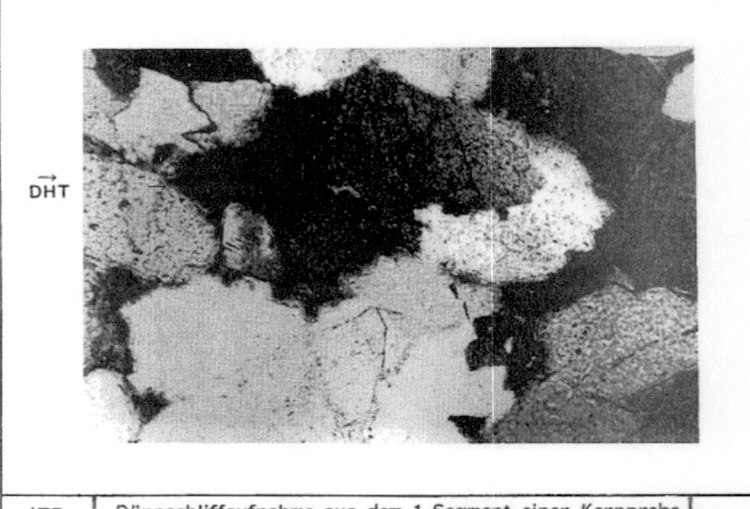

ITE	Dünnschliffaufnahme aus dem 1.Segment einer Kernprobe aus Bentheimer Sandstein nach Schädigung durch eine 1,5 Gew.-%ige DHT-Spülung	Anl.82
1992		

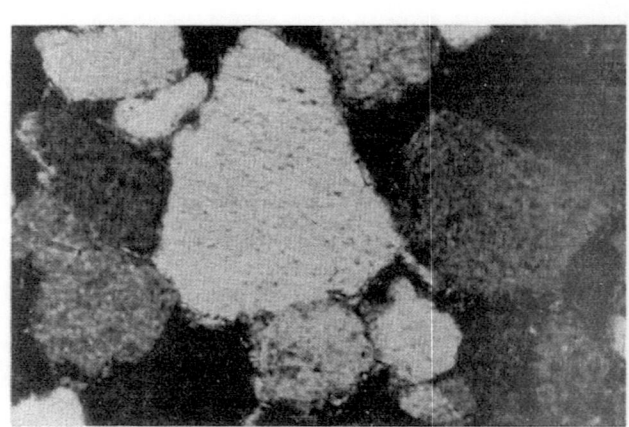

ITE	Dünnschliffaufnahme aus dem 5.Segment einer Kernprobe aus Bentheimer Sandstein nach Schädigung durch eine 1,5 Gew.-%ige DHT-Spülung	Anl.83
1992		

ITE	REM-Aufnahme aus dem 1.Segment einer Kernprobe aus Bentheimer Sandstein nach Schädigung durch eine DHT-Spülung (1,5 Gew.-% DHT+1 Gew.-% Polydrill+6 Gew.-% $CaCl_2$)	Anl.84
1992		

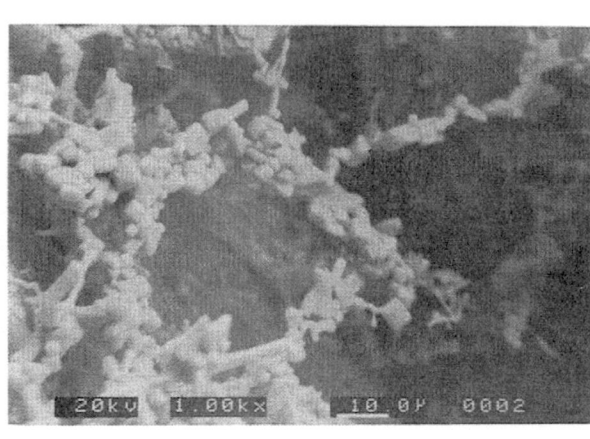

ITE	REM-Aufnahme aus dem 5.Segment einer Kernprobe aus Bentheimer Sandstein nach Schädigung durch eine DHT-Spülung (1,5 Gew.-% DHT+1 Gew.-% Polydrill+6 Gew.-% $CaCl_2$)	Anl.85
1992		

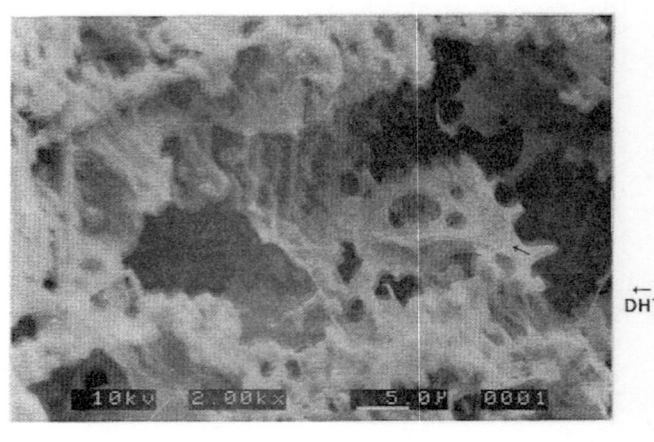

ITE	REM-Aufnahme aus dem 1.Segment einer Kernprobe aus Bentheimer Sandstein nach Schädigung durch eine DHT-Spülung (1,5 Gew.-% DHT + 10 Gew.-% Mikrosöhl)	Anl.86
1992		

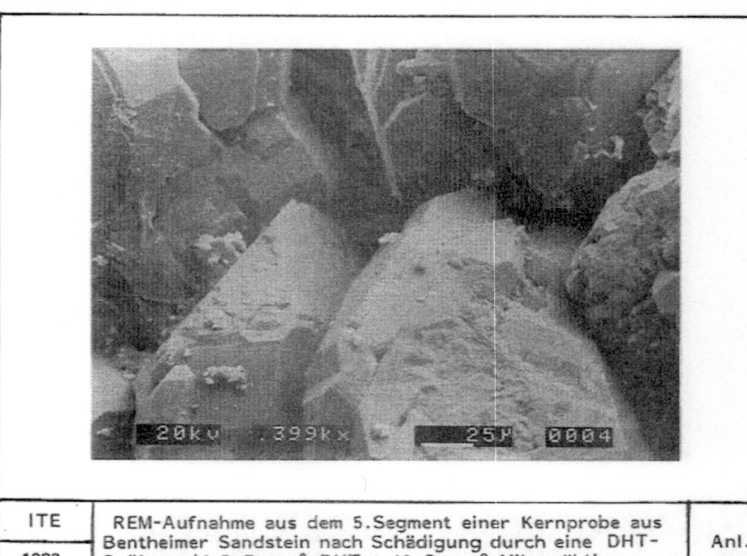

ITE	REM-Aufnahme aus dem 5.Segment einer Kernprobe aus Bentheimer Sandstein nach Schädigung durch eine DHT-Spülung (1,5 Gew.-% DHT + 10 Gew.-% Mikrosöhl)	Anl.87
1992		

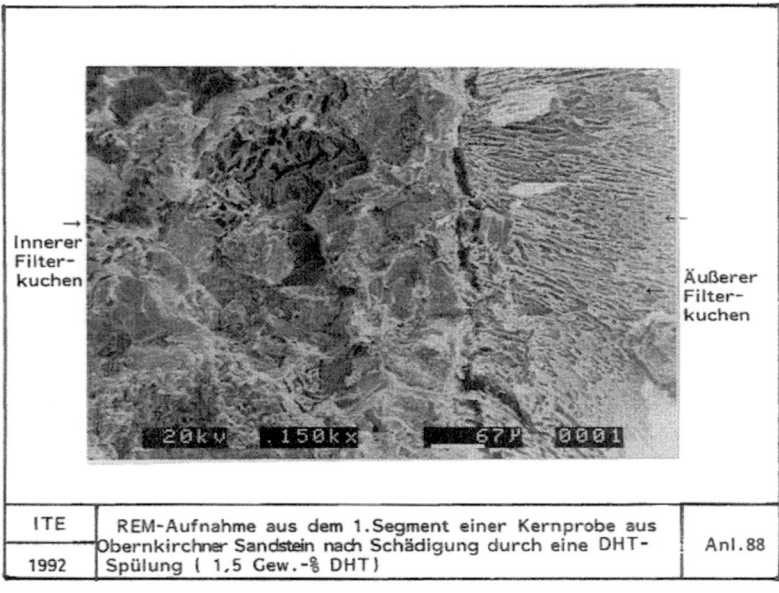

ITE	REM-Aufnahme aus dem 1.Segment einer Kernprobe aus Obernkirchner Sandstein nach Schädigung durch eine DHT-Spülung (1,5 Gew.-% DHT)	Anl.88
1992		

Innerer Filter-kuchen

Äußerer Filter-kuchen

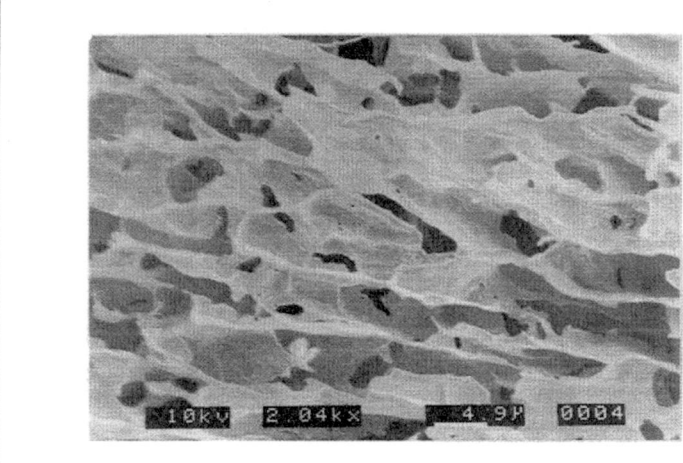

ITE	REM-Aufnahme aus dem 1.Segment einer Kernprobe aus Obernkirchner Sandstein nach Schädigung durch eine DHT-Spülung (Vergrößerung aus Anl. 88)	Anl.89
1992		

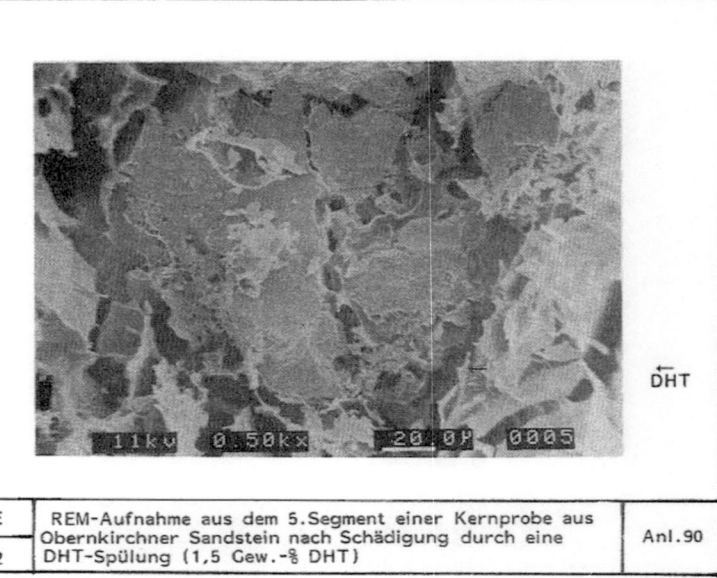

ITE	REM-Aufnahme aus dem 5.Segment einer Kernprobe aus Obernkirchner Sandstein nach Schädigung durch eine DHT-Spülung (1,5 Gew.-% DHT)	Anl.90
1992		

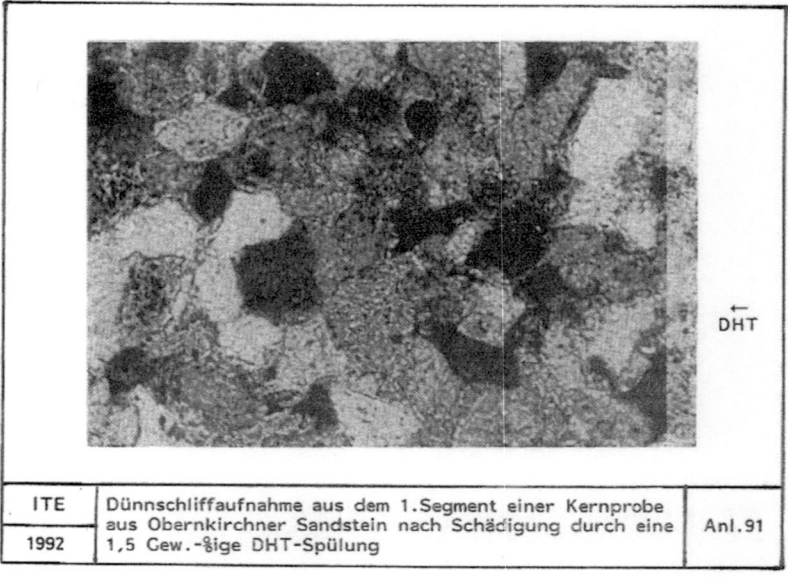

ITE	Dünnschliffaufnahme aus dem 1.Segment einer Kernprobe aus Obernkirchner Sandstein nach Schädigung durch eine 1,5 Gew.-%ige DHT-Spülung	Anl.91
1992		

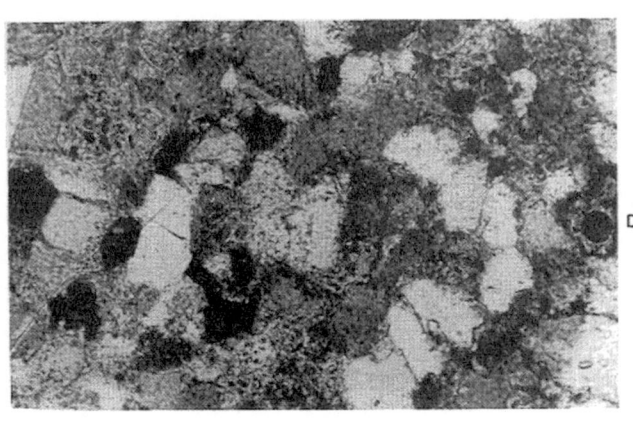

ITE	Dünnschliffaufnahme aus dem 5. Segment einer Kernprobe aus Obernkirchner Sandstein nach Schädigung durch eine 1,5 Gew.-%ige DHT-Spülung	Anl. 92
1992		

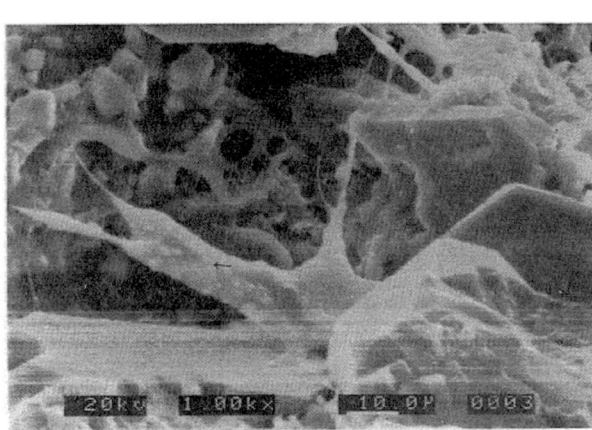

ITE	REM-Aufnahme aus dem 1. Segment einer Kernprobe aus Obernkirchner Sandstein nach Schädigung durch die Gravel-Trägerflüssigkeit "Hydropac" ohne Breaker	Anl. 93
1992		

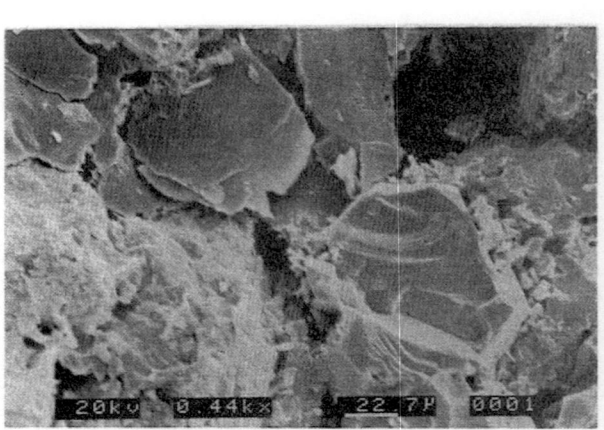

ITE	REM-Aufnahme aus dem 1.Segment einer Kernprobe aus Obernkirchner Sandstein nach Schädigung durch die Gravel-Trägerflüssigkeit "Hydropac" + 0,01 Am-SP	Anl.94
1992		

ITE	REM-Aufnahme aus dem 5.Segment einer Kernprobe aus Obernkirchner Sandstein nach Schädigung durch die Gravel-Trägerflüssigkeit "Hydropac" + 0,01 Am-SP	Anl.95
1992		

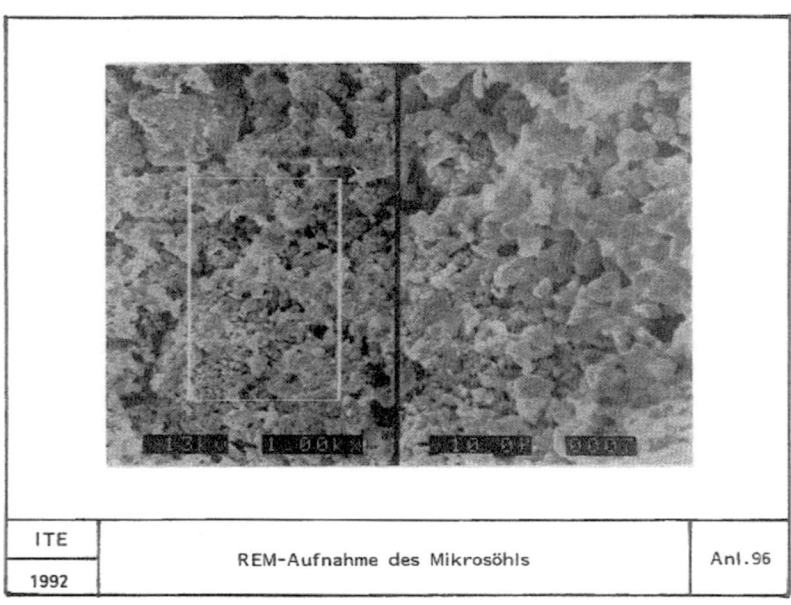

ITE		
1992	REM-Aufnahme des Mikrosöhls	Anl. 96

ITE		
1992	REM-Aufnahme der Texkreide	Anl. 97

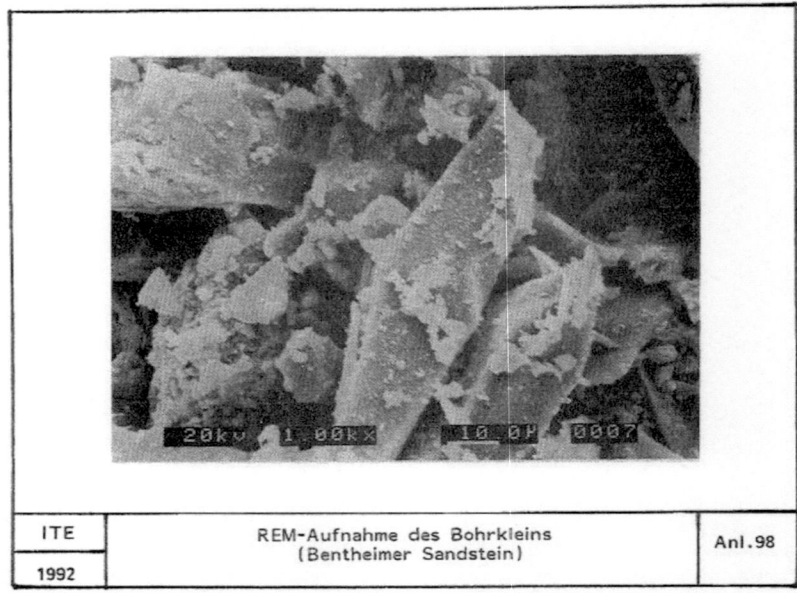

ITE	REM-Aufnahme des Bohrkleins (Bentheimer Sandstein)	Anl.98
1992		

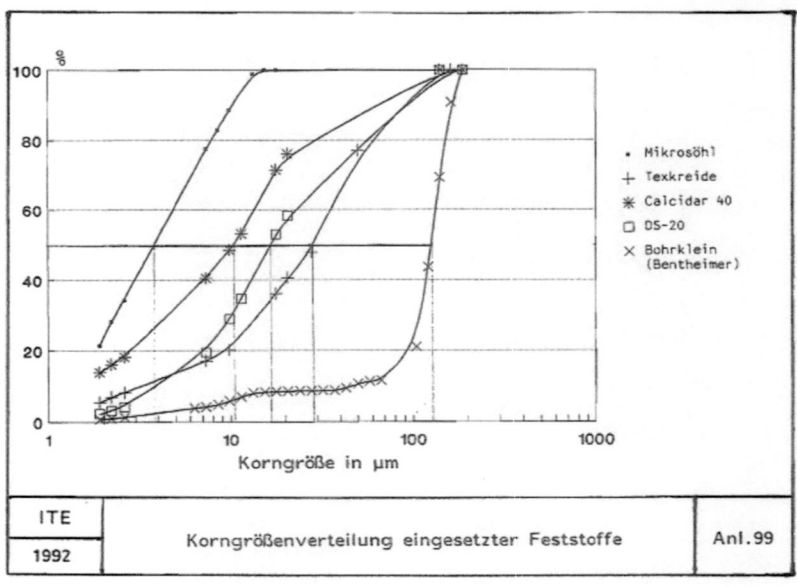

ITE	Korngrößenverteilung eingesetzter Feststoffe	Anl.99
1992		

Fluide	Bingham'sche Fließgrenze τ_B [dPa]	Plastische Viskosität η_P [mPas]
Hydropac (WG-17) 9,6 g/l + 1 Gew.-% NaCl Raumtemperatur	790	46
Hydropac (WG-17) 9,6 g/l + 1 Gew.-% NaCl + 0,024 Gew.-% GBW-3		
Raumtemperatur	771	42
40°C	503	36
70°C	167	26
Hydropac (WG-17) 9,6 g/l + 1 Gew.-% NaCl + 0,024 Gew.-% $(NH_4)_2S_2O_8$		
Raumtemperatur	708	41
40°C	627	38
70°C	14	15
Hydropac (WG-17) 9,6 g/l + 1 Gew.-% NaCl + 0,12 Gew.-% GBW-3		
Raumtemperatur	522	41
40°C	239	37
70°C	14	12
Hydropac (WG-17) 9,6 g/l + 1 Gew.-% NaCl + 0,12 Gew.-% $(NH_4)_2S_2O_8$		
Raumtemperatur	617	34
40°C	431	35
70°C	5	4
Hydropac (WG-17) 9,6 g/l + 5 Gew.-% NaCl		
Raumtemperatur	622	37
40°C	565	36
70°C	87	27
90°C	57	25
Hydropac (WG-17) 9,6 g/l + 5 Gew.-% NaCl + 0,006 Gew.-% GBW-3 90°C	167	24

ITE	Bingham'sche Fließgrenze und plastische Viskosität der Gravel-Trägerflüssigkeit "Hydropac" bei verschiedenen Temperaturen und Zusammensetzungen	Anl. 100
1992		

Fluide	Bingham'sche Fließgrenze τ_B [dPa]	Plastische Viskosität η_P [mPas]
Versagel (WG-11) 4,8 g/l + 1 Gew.-% NaCl Raumtemperatur	172	26
Versagel (WG-11) 4,8 g/l + 1 Gew.-% NaCl + 0,06 Gew.-% GBW-3 Raumtemperatur 60°C	162 96	14 13
Versagel (WG-11) 4,8 g/l + 1 Gew.-% NaCl + 0,01 Gew.-% GBW-3 90°C	77	13
Versagel (WG-11) 4,8 g/l + 1 Gew.-% NaCl + 0,06 Gew.-% $(NH_4)_2S_2O_8$ Raumtemperatur 60°C	105 96	12 8
Versagel (WG-11) 4,8 g/l + 1 Gew.-% NaCl + 0,01 Gew.-% $(NH_4)_2S_2O_8$ 90°C	10	12
Versagel (WG-11) 4,8 g/l + 5 Gew.-% NaCl + 0,06 Gew.-% $(NH_4)_2S_2O_8$ Raumtemperatur 60°C	148 77	20 20
Versagel (WG-11) 4,8 g/l + 5 Gew.-% NaCl + 0,01 Gew.-% $(NH_4)_2S_2O_8$ 90°C	5	10
Versagel (WG-11) 4,8 g/l + 5 Gew.-% NaCl + 0,01 Gew.-% GBW-3 90°C	100	17

ITE	Bingham'sche Fließgrenze und plastische Viskosität der Frac-Flüssigkeit "Versagel" bei verschiedenen Temperaturen und Zusammensetzungen	Anl.101
1992		

Fluide	Bingham'sche Fließgrenze τ_B [dPa]	Plastische Viskosität η_p [mPas]
Hydropac (WG-17) 9,6 g/l + 1 Gew.-% NaCl + 0,006 Gew.-% GBW-3 90°C	81	21
Hydropac (WG-17) 9,6 g/l + 1 Gew.-% NaCl + 0,006 Gew.-% $(NH_4)_2S_2O_8$ 90°C	5	2
Hydropac (WG-17) 9,6 g/l + 1 Gew.-% NaCl + 0,06 Gew.-% GBW-3 90°C	5	9
Hydropac (WG-17) 9,6 g/l + 1 Gew.-% NaCl + 0,06 Gew.-% $(NH_4)_2S_2O_8$ 90°C	5	1

| ITE 1992 | Bingham'sche Fließgrenze und plastische Viskosität der Gravel-Trägerflüssigkeit "Hydropac" bei verschiedenen Breaker-Konzentrationen | Anl. 102 |

Fluide	Bingham'sche Fließgrenze τ_B [dPa]	Plastische Viskosität η_p [mPa]
Hydropac (WG-17) 9,6 g/l + 1 Gew.-% NaCl + 0,024 Gew.-% GWB-3 bei 70°C		
0 min	167	26
15 min	153	26
30 min	77	19
45 min	10	13
90 min	10	9
120 min	10	10

| ITE 1992 | Bingham'sche Fließgrenze und plastische Viskosität der Gravel-Trägerflüssigkeit "Hydropack" bei verschiedenen Belastungszeiten | Anl. 103 |

Polymere	Kreide	$\frac{\text{Rückstand}}{\text{Einwaage}} \times 100$ (Gew.-%)
Xanthan Gum (XC)		5,99
Guar Gum		5,60
Hydroxypropyl Guar (HPG)		0,90
Hydroxyethyl Cellulose (HEC)		0,10
Hostadrill 2825		4,8
Polydrill		10
Antisol FL-10 (PAC)		8,93
Antisol FL-30 (PAC)		9,10
Tylose BT Na-CMC (l.v.)		9,95
Tylose VHR Na-CMC (h.v.)		9,68
Stärke		6,78
	Mikrosöhl	9,72
	Texkreide	9,75
	DS-20	3,21
	Calcidar 40	1,77

ITE	Grad der Löslichkeit untersuchter Additive in Salzsäure $[C_{(HCl)} = 4\ \text{mol/l}]$	Anl.104
1992		

Lebenslauf

Name	: Muhammed Abed, Mazeel Al–Aboudi
Geburtsdatum	: 21.11.1961
Geburtsort	: Mischchab/Irak

Schule	1967 – 1973	Grundschule in Mischchab
	1974 – 1977	Mittelschule in Mischchab
	1978 – 1980	Gymnasium in Nedjef
Studium	1981 – 1987	Studium der Tiefbohrtechnik an der Universtät Belgrad, Abschluß mit dem Grad Dipl. –Ing.
		Diplomarbeit: Systems for collecting and preparation of oil and gas and criteria for their selection
	1987 – 1989	Cursos Monigraficos in Geophysik und Geologie an der Escuela Tecnica Superior de Minas in Madrid (MSc)
	1989	Besuch des Deutschseminars an der TU Clausthal
	1990	Erkennunsprüfungen an der Uni Clausthal für Dipl.-Ing
	Seit 1990	**Promotion**: Unetrsuchungen zur Trägerschädigung durch Bohrspülungen und Behandlungsflüssigkeiten, Institute für Tiefbohrtechnik Erdöl- und Erdgasgewinnung an der TU Clausthal
Beruf		Seit 1987 bei ARENCO Oil AND GAS ENGINEERING

Publikationen:

- Danmage Caused by Clay- Based and Clay-Free Inhibitive Fluids in Sandstone Formations.(SPE and JCPT-CIM).
- Untersuchung zur Durchlaessigkeit von Phenolharz-Beschichtungsfilmen (Erdoel und Khole Magazin)

Mitgliedschaften:
- Society of Petroleum Engineers (SPE)
- Canadian Petroleum Technology (CIM)

Der disserta Verlag bietet die kostenlose Publikation
Ihrer Dissertation als hochwertige
Hardcover- oder Paperback-Ausgabe.

Fachautoren bietet der disserta Verlag
die kostenlose Veröffentlichung professioneller Fachbücher.

Der disserta Verlag ist Partner für die Veröffentlichung
von Schriftenreihen aus Hochschule und Wissenschaft.

Weitere Informationen auf www.disserta-verlag.de